全国渔业船员培训统编教材

农业部渔业渔政管理局 组编

U0624453

轮 机 基 础

（海洋渔业船舶三级轮机人员、助理管轮适用）

郭江荣 杨建军 任德夫 主编

中国农业出版社

图书在版编目（CIP）数据

轮机基础：海洋渔业船舶三级轮机人员、助理管轮
适用 / 郭江荣，杨建军，任德夫主编 . —北京：中国
农业出版社，2017.3（2021.6 重印）
全国渔业船员培训统编教材
ISBN 978 - 7 - 109 - 22612 - 8

Ⅰ.①轮…　Ⅱ.①郭…②杨…③任…　Ⅲ.①轮机-
技术培训-教材　Ⅳ.①U676.4

中国版本图书馆 CIP 数据核字（2017）第 008016 号

中国农业出版社出版
（北京市朝阳区麦子店街 18 号楼）
（邮政编码 100125）
策划编辑　郑　珂　黄向阳
责任编辑　周锦玉
———————
北京印刷一厂印刷　新华书店北京发行所发行
2017 年 3 月第 1 版　2021 年 6 月北京第 2 次印刷
———————
开本：700mm×1000mm　1/16　印张：15.5
字数：238 千字
定价：50.00 元
（凡本版图书出现印刷、装订错误，请向出版社发行部调换）

全国渔业船员培训统编教材
编审委员会

全国渔业船员培训统编教材
编辑委员会

主　编　刘新中

副主编　朱宝颖

编　委　（按姓氏笔画排序）

轮机基础

（海洋渔业船舶三级轮机人员、助理管轮适用）

编写委员会

主　编　郭江荣　杨建军　任德夫

编　者　郭江荣　杨建军　任德夫

　　　　沈千军　刘黎明

丛书序

安全生产事关人民福祉，事关经济社会发展大局。近年来，我国渔业经济持续较快发展，渔业安全形势总体稳定，为保障国家粮食安全、促进农渔民增收和经济社会发展作出了重要贡献。"十三五"是我国全面建成小康社会的关键时期，也是渔业实现转型升级的重要时期，随着渔业供给侧结构性改革的深入推进，对渔业生产安全工作提出新的要求。

高素质的渔业船员队伍是实现渔业安全生产和渔业经济持续健康发展的重要基础。但当前我国渔民安全生产意识薄弱、技能不足等一些影响和制约渔业安全生产的问题仍然突出，涉外渔业突发事件时有发生，渔业安全生产形势依然严峻。为加强渔业船员管理，维护渔业船员合法权益，保障渔民生命财产安全，推动《中华人民共和国渔业船员管理办法》实施，农业部渔业渔政管理局调集相关省渔港监督管理部门、涉渔高等院校、渔业船员培训机构等各方力量，组织编写了这套"全国渔业船员培训统编教材"系列丛书。

这套教材以农业部渔业船员考试大纲最新要求为基础，同时兼顾渔业船员实际情况，突出需求导向和问题导向，适当调整编写内容，可满足不同文化层次、不同职务船员的差异化需求。围绕理论考试和实操评估分别编制纸质教材和音像教材，注重实操，突出实效。教材图文并茂，直观易懂，辅以小贴士、读一读等延伸阅读，真正做到了让渔民"看得懂、记得住、用得上"。在考试大纲之外增加一册《渔业船舶水上安全事故案例选编》，以真实事故调查报告为基础进行编写，加以评论分析，以进行警示教育，增强学习者的安全意识、守法意识。

相信这套系列丛书的出版将为提高渔民科学文化素质、安全意识和技能以及渔业安全生产水平，起到积极的促进作用。

谨此，对系列丛书的顺利出版表示衷心的祝贺！

农业部副部长

2017 年 1 月

前　言

　　《轮机基础》（海洋渔业船舶三级轮机人员、助理管轮适用）是在农业部渔业渔政管理局组织指导下，由浙江海洋大学、宁波大学、舟山市渔业技术培训中心等单位共同承担编写任务，根据《农业部办公厅关于印发渔业船员考试大纲的通知》（农办渔〔2014〕54 号）中关于渔业船员理论考试和实操评估的要求编写。参加编写的人员都是具有多年教学和实船工作经验的教师和专家。

　　本书紧扣农业部最新渔业船员考试大纲，突出适任培训和注重实践的特点，并且融入了编者多年的教学培训经验和实操技能，旨在培养船员在实践中的应用能力。本书适用于全国海洋渔业船舶三级轮机人员和助理管轮的考试、培训和学习，也可作船员上船工作的工具书。目录中加"＊"部分为远洋助理管轮要求内容。

　　本书共四篇。第一篇由浙江海洋大学杨建军编写；第二篇由浙江海事局任德夫和舟山市渔业技术培训中心沈千军编写；第三篇由宁波大学郭江荣编写；第四篇由浙江海事局任德夫和舟山航海学校刘黎明编写。全书由宁波大学郭江荣和浙江海洋大学杨建军统稿。

　　限于编者经历及水平，书中错漏之处在所难免，敬请使用本书的师生批评指正，以求今后进一步改进。

　　本书在编写、出版工作中得到农业部渔业渔政管理局、中国农业出版社等单位的关心和大力支持，特致谢意。

编　者

2017 年 1 月

目 录

第二篇 渔船辅机

第三篇 渔船电气

第四篇　轮机管理

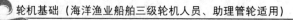

第一篇

渔船动力装置

第一章 渔船柴油机

第一节 柴油机的基本知识

一、柴油机的基本术语

柴油机的基本术语见图 1-1。

1. 上止点

活塞在气缸中运动所能达到的最高位置。

2. 下止点

活塞在气缸中运动所能达到的最低位置。

上、下止点也可以分别表示活塞离曲轴中心线最远和最近的位置。

3. 活塞行程（S）

活塞上、下止点之间的直线距离。行程也等于曲轴回转半径的 2 倍（$S=2R$）。

4. 气缸直径

缸套内圆的直径。

5. 压缩容积（V_c）

当活塞位于上止点时，活塞顶平面与缸盖底平面之间的空间，又称余隙容积或燃烧室容积。该空间的高度即存气间隙或燃烧室高度。

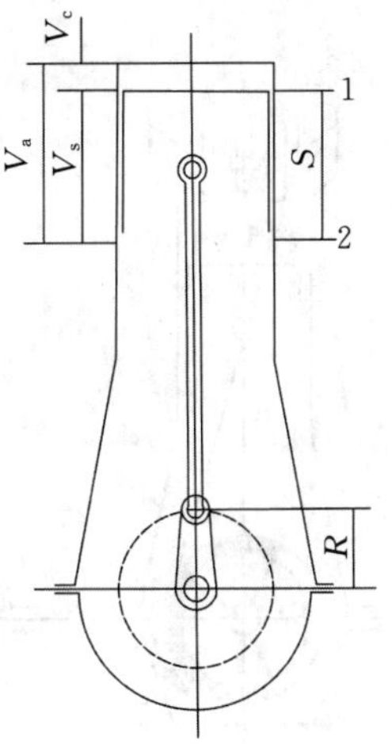

6. 工作容积（V_s）

活塞从上止点运行到下止点时所扫过的容积。

7. 气缸总容积（V_a）

当活塞位于下止点时，活塞顶平面与缸盖底平面之间的空间。

图 1-1 柴油机基本术语示意图

1. 上止点 2. 下止点
S. 活塞行程 R. 曲轴回转半径
V_a. 气缸总容积 V_s. 工作容积
V_c. 燃烧室容积

二、柴油机的工作原理

柴油机的基本工作原理是采用压缩发火方式使燃料在缸内燃烧，以高温高压的燃气作为工质在气缸中膨胀推动活塞往复运动，并通过活塞—连杆—曲柄机构将活塞的往复运动转变为曲轴的回转运动，从而带动工作机械。

根据柴油机的上述工作特点，燃油在柴油机气缸中燃烧做功必须通过进气、压缩、燃烧、膨胀和排气五个过程。包括进气、压缩、混合气形成、着火、燃烧与放热、膨胀做功和排气等在内的全部热力循环过程，称为柴油机工作过程；包括进气、压缩、膨胀和排气等过程的周而复始的循环，称为工作循环。

在柴油机中可用活塞的两个行程或四个行程完成一个工作循环，相应称为二冲程或四冲程柴油机。

渔船上普遍使用的是四冲程柴油机，其工作原理见图1-2。

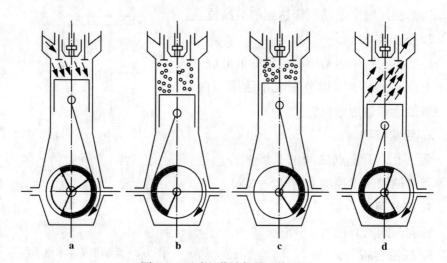

图 1-2　四冲程柴油机的工作原理

a. 进气　b. 压缩　c. 燃烧和膨胀　d. 排气

四冲程柴油机的工作过程可分为以下四部分。

1. 进气冲程（图 1-2a）

在这一冲程中，活塞由上止点向下止点移动，气缸容积逐渐增大，同时进气阀被打开，新鲜空气在压力差的作用下被吸入气缸内；进气阀一般在活塞到达上止点前即提前打开，下止点后延迟关闭。曲轴转角为 $220°\sim250°$。

2. 压缩冲程（图 1-2b）

活塞由下止点向上止点移动，这时进、排气门都关闭，气缸形成一个密

封室，空气受到压缩；当活塞上升到上止点时，气缸内气体压力升到 $3\sim$
$6\,\mathrm{MPa}$，温度达到 $600\sim700\,℃$（燃油的自燃温度为 $210\sim270\,℃$）。在压缩过程后期，由喷油器喷入气缸的燃油与高温空气混合、加热，并自行发火燃烧。曲轴转角为 $140°\sim160°$。

3. 燃烧和膨胀冲程（图 1-2c）

活塞到上止点附近，由于燃油强烈燃烧，使气缸内压力和温度急剧升高，这时温度可达 $1\,400\sim1\,800\,℃$，甚至更高。压力增大到 $5\sim8\,\mathrm{MPa}$，甚至高达 $15\,\mathrm{MPa}$ 以上。高温高压的燃气膨胀推动活塞下行而做功。由于气缸容积逐渐增大，压力下降，在上止点后某一时刻燃烧基本完成。膨胀一直到排气阀开启时结束。

4. 排气冲程（图 1-2d）

在上一行程末，排气阀开启时活塞尚在下行，废气靠气缸内外压力差经排气阀排出。当活塞由下止点上行时，废气被活塞推出气缸，此时的排气过程是在略高于大气压力且在压力基本不变的情况下进行的。排气阀一直延迟到上止点后关闭。曲轴转角为 $230°\sim260°$。

进行了上述四个行程，柴油机完成了一个工作循环。当活塞继续运动时，另一个新的循环又按同样的顺序重复进行。

四冲程柴油机需要四个冲程才完成一个工作循环，即曲轴转二转
（$720°$），进、排气阀各开关一次，活塞上、下运动四次；每个工作循环中只有膨胀冲程才是真正向外输出功率，而其他三个冲程都是辅助冲程，并消耗一定的功率。

第二节　柴油机的结构和主要部件

一、柴油机的结构

船舶柴油机主要有筒形活塞式和十字头式两种结构，中小型渔船上主要都是筒形活塞式结构。筒形活塞式柴油机结构简单、紧凑、尺寸小、重量轻，目前中高速柴油机普遍采用此结构。

二、四冲程柴油机的主要部件

四冲程柴油机的主要部件见图 1-3。它包括：

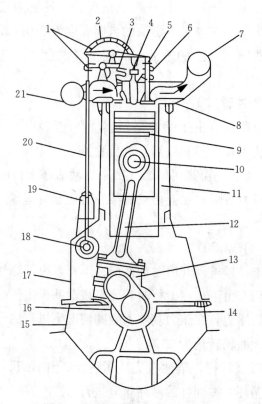

图 1-3　四冲程柴油机的主要部件

1. 摇臂　2. 高压油管　3. 进气门　4. 喷油器　5. 排气门　6. 气门弹簧　7. 排气管　8. 气缸盖
9. 活塞　10. 活塞销　11. 气缸套　12. 连杆　13. 连杆螺栓　14. 曲轴　15. 机座　16. 主轴承
17. 机身　18. 凸轮轴　19. 高压油泵　20. 推杆　21. 进气管

1. 固定部件

机座、机身、主轴承、气缸套、气缸盖等。

2. 运动部件

活塞、活塞环、活塞销、连杆、连杆螺栓、曲轴、飞轮等。

3. 配气系统

进气管、排气管、空气滤清器、中冷器、凸轮轴、顶杆、摇臂、进气阀、排气阀、气阀弹簧等。

4. 燃油系统

燃油输送泵、滤清器、高压油泵、高压油管、喷油器等。

5. 润滑系统

机油泵、压力阀、滤清器、旁通阀等。

6. 冷却系统

水泵、冷却器、热交换器、节温器等。

7. 控制系统

启动装置、调速装置。

（一）活塞、活塞环、气缸、气缸盖

1. 活塞的作用、工作条件

（1）作用　① 与连杆、曲轴等部件组成运动机构，将气体力经连杆传给曲轴。② 在筒形活塞式柴油机中，承受侧推力，起滑块的作用。

（2）工作条件　① 燃气高温、高压、烧蚀、腐蚀。② 摩擦、撞击。③ 热应力、热变形及机械变形、振动（筒形活塞式柴油机气缸套外表面的穴蚀的主要原因）。

2. 活塞环

（1）功用　密封环有密封、导热、支承作用；刮油环有刮油、布油作用。

（2）密封环密封机制（二次密封）

① 第一次密封：主要依靠环自身弹力，使环外圆紧贴在缸套内表面。

② 第二次密封：依靠气体力作用，使环的平面紧紧压在环槽平面。

（3）搭口形状

① 直搭口：密封性能差，结构简单，加工容易（高速机）。

② 斜搭口：密封性比直搭口好，硬度高于重叠搭口。

③ 重叠搭口：气密性最好，但易折断（低速机）。

（4）活塞环的间隙

① 天地间隙：活塞环安装在环槽中与环槽在上或下（轴向）方向的间隙。此间隙作用是保证环受热膨胀余地和泵油作用。活塞环轴向磨损后天地间隙会增大（图 1-4a）。

② 搭口间隙：活塞环安装在缸套内时环切口的垂直距离。此间隙保证环受热膨胀余地和环的弹性，决定环是否可用。测量位置在缸套下部。活塞环工作面磨损后其搭口间隙从 δ 增大到 δ'（图 1-4b）。

（5）活塞环的安装　活塞环的搭口应按要求相互错开，刮油环安装时刮刃尖端向下，倒角朝上。

3. 气缸套

（1）作用　① 与活塞、缸盖组成燃烧室，并与气缸体形成冷却水通道。

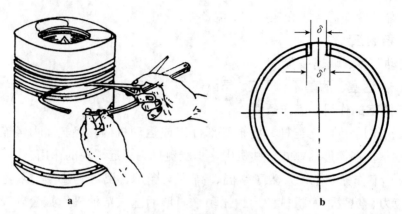

图 1-4 活塞环的间隙
a. 天地间隙 b. 搭口间隙

② 筒形活塞式气缸套在柴油机中起导承作用，承受活塞的侧推力。

（2）工作条件

① 上部：气缸盖安装预紧力。

② 内壁：高温、高压和冷腐蚀；活塞的摩擦、敲击和侧推力作用。

③ 外壁：腐蚀和穴蚀（冷却水空间）。

（3）要求 ① 足够的强度和刚度。② 良好的耐磨性和抗腐蚀性。③ 良好的润滑性和冷却性。④ 可靠的气封（紫铜垫圈或精加工）和水封（橡胶密封圈）。

4. 气缸盖

（1）作用 ① 封闭气缸顶部，与活塞、缸套共同组成密闭的气缸工作空间。② 将气缸压紧于机体正确位置上，使活塞运动正常。③ 安装柴油机各种附件，如喷油器、进、排气阀装置、气缸启动阀、示功阀、安全阀及气阀摇臂装置等。④ 布置进、排气道，冷却水道等。在小型高速机的气缸盖中，还布置涡流室或预燃室等。

（2）工作条件 ① 承受机械应力和热应力（螺栓预紧力、缸套支反力、燃气的高压、高温）。② 冷却水腔的腐蚀作用。③ 温差引起的附加应力（在"鼻梁区"工作条件更为恶劣）。

5. 常见故障及管理

活塞组件在燃气的高温高压作用及自身高速摩擦运动作用下，很容易产生裂纹、磨损及配合失常等缺陷。例如活塞顶部裂纹和烧损，裙部磨损，活塞环的磨损、黏着、断裂。管理要点：①磨合。②严格控制柴油机的运行参数在所规定的范围内。③良好的润滑，特别是要确保活塞组件和气缸之间的良好润滑。④定期吊缸检修，测量有关数据。

气缸套的常见缺陷有磨损、裂纹和穴蚀等。管理要点：①防止和杜绝缸套与活塞的黏着磨损，避免干摩擦、磨合不良、超负荷运转、冷却不良、配合间隙不当、燃气窜漏、操作不当等。②冷却水温不能过低，避免热应力过大、燃烧压力过大、活塞与缸套间隙过大（会导致撞击强烈）、安装应力和疲劳应力过大等，以防止裂纹。

气缸盖的常见故障有气缸盖裂纹、贴合面漏气、气缸盖翘曲等。管理要点：①缸盖螺栓预紧力不能过大且要均匀。②避免超负荷运行和爆压过高。③控制好冷却水质、水温、温差、流量等。

（二）连杆

1. 连杆的作用、工作条件、要求

（1）作用　连接活塞与曲轴，把活塞承受的气体压力传给曲轴，使活塞的往复运动转变成曲轴的回转运动。

（2）工作条件　连杆工作时，承受活塞顶部气体压力和惯性力的作用，而这些力的大小和方向都是周期性变化的。因此，连杆受到的是压缩、拉伸和弯曲等交变载荷。

（3）要求　足够的刚度和强度，重量轻。

2. 筒形活塞式柴油机连杆、连杆螺栓和连杆轴承的结构特点

连杆组件是活塞与曲轴之间的连接件，通过它将活塞所受的气体力和惯性力传给曲轴。它主要由连杆小端、杆身、连杆大端、连杆螺栓等几部分组成。

（1）**连杆小端**　连杆小端和活塞销连接，通常的连接方法采用间隙配合。在连杆小端孔中压入青铜轴衬，并用制动销钉防止运动，为了润滑活塞销摩擦面，连杆小端顶部和青铜轴衬上开有油孔以通入机油。

（2）**杆身**　在中小型柴油机中，为了减少连杆重量，一般都被制成"工"字形截面（如 135、160 系列柴油机）或"王"字形截面（如 N6160型柴油机），它的中央大多钻有圆形通孔，作为润滑油通道。

（3）**连杆大端**　连杆大端与曲柄销连接。大端通常有平切口、斜切口两种。

（4）**连杆螺栓**　连杆螺栓是将连杆大端的叉形端与连杆盖连接成一体的

零件。它是柴油机中最重要的零件之一，因为它如果被拉断，柴油机就可能发生重大事故。连杆螺栓在设计上采用耐疲劳的柔性连接方式，采用细牙螺纹。

在检查柴油机时，必须仔细检查螺栓有无拉长、裂缝、磨损和螺纹被破坏现象。装配时，应使用扭力扳手将螺栓按柴油机说明书中规定的扭紧力矩均衡扭紧。螺母扭紧后，并用开口销或保险片锁紧，不允许用铁钉或铁丝等物来代替开口销。同时，禁止在螺栓头部和螺母支承面放置垫片。

（三）曲轴和主轴承

1. 作用、工作条件、要求

（1）曲轴作用　汇集各缸动力输出；带动附属设备。

（2）曲轴工作条件　受力复杂（气体力、往复惯性力、离心力、弯矩、扭矩）；应力集中严重；附加应力很大；轴颈磨损。

（3）对曲轴的要求　疲劳强度高；足够的刚性；有足够的承压面积；轴颈有良好的耐磨性；曲柄的布置要合理。

（4）主轴承作用　支承曲轴，保证曲轴的工作轴线；对曲轴起轴向定位作用。

（5）主轴承工作条件　轴承负荷较大；摩擦磨损；滑油腐蚀。

（6）对主轴承的要求　有正确而且固定的位置；足够的刚度；有较高的承载能力和疲劳强度；有足够的热强度和热硬度；有较好的抗腐蚀能力；有减磨性和耐磨性；能均布滑油和散走摩擦热量。

2. 柴油机曲轴的结构特点

曲轴主要由若干个单位曲柄、自由端和飞轮端，以及平衡块组成。单位曲柄是曲轴的基本组成部分，由主轴颈、曲柄销和曲柄臂组成。

曲柄的排列原则：① 柴油机的动力输出要均匀。二冲程柴油机的曲柄夹角为 $360°/i$，四冲程柴油机的曲柄夹角为 $720°/i$。（i 为气缸数。）② 要避免相邻的两个缸连续发火。③ 要使柴油机有良好的平衡性。④ 要注意发火顺序对轴系扭转振动的影响。

3. 主轴承结构特点

轴承有滚动轴承和滑动轴承两种，船用柴油机主要采用滑动轴承。

滑动式主轴承由轴承座、轴承盖、轴瓦及将它们连接在一起的螺栓等组成，分为正置式和倒置式两类。

中小型柴油机主轴承大多采用薄壁轴瓦。薄壁轴瓦疲劳强度高、尺寸小、重量轻、造价低、互换性好。

（四）曲柄连杆机构的故障分析及管理

1. 连杆组的故障

连杆组的故障主要有连杆小端轴承磨损、连杆杆身裂纹和弯曲、连杆螺栓断裂等。在管理中要特别注意轴承的润滑，检修时注意检查连杆螺栓，按说明书规定的预紧度紧固，安装后逐一检查确认是否拧紧到位和锁紧情况。

2. 曲轴的故障

曲轴的故障主要有磨损、疲劳损坏，以及轴瓦的故障拉毛、擦伤、磨损、偏磨、咬粘、龟裂、剥落等。曲轴疲劳损坏有弯曲疲劳损坏和扭转疲劳损坏。

弯曲疲劳损坏：由轴承不均匀磨损、曲轴轴线不正等引起，多发生于长期使用后，裂纹一般成90°。

扭转疲劳损坏：过大的附加扭转应力引起，一般是出现在运转初期，裂纹成45°。

管理注意事项：①轴承换新后要经过2 h磨合。②要定期打开曲轴箱进行以下检查：间隙大小；各种螺栓的固紧情况；油流情况；柴油机运行中要注意触摸曲轴箱的温度情况和倾听运转声音；认真监视滑油压力和温度，定期检查滑油。③防止柴油机超负荷运行。④注意机座变形对曲轴的影响。

第三节　燃油的喷射与燃烧

一、燃油的性能指标、分类与管理

1. 影响燃油燃烧性能的主要指标

十六烷值、黏度等。

2. 影响燃烧产物构成的主要指标

硫分、钒和钠的含量等。

3. 影响燃油管理工作的主要指标

闪点、凝点、水分、机械杂质等。

（1）十六烷值　表示自燃性能的指标。十六烷值越高，其自燃性能越好，但应适当。十六烷值过低，会使燃烧过程粗暴，甚至在启动或低速运转时难以发火；十六烷值过高，易产生高温分解而生成游离炭，致使柴油机的排气冒黑烟。通常高速柴油机使用的燃油十六烷值为40～60，中速柴油机为35～50，低速机十六烷值应不低于25。

（2）黏度　表示燃油流动时分子间的阻力。燃油的黏度通常以运动黏度表示。燃油的黏度对于燃油的输送、过滤、雾化和燃烧有很大影响。黏度过高，不但输送困难，而且不利于燃油雾化，使燃烧不良；黏度过低，则会造成喷油泵柱塞偶件、喷油器针阀偶件润滑不良而加快磨损。压力和温度对燃油的黏度影响很大，压力增加，黏度增加；温度增加，黏度下降。

（3）硫分　硫在燃油中以硫化物的形式存在，液态下对燃油系统的部件有腐蚀作用；燃烧产物中的 SO_2 和 SO_3，在高温下呈气态，直接与金属作用发生气体腐蚀；SO_3 和水蒸气在缸壁温度低于它们的露点时会生成硫酸附在缸壁表面，产生"低温腐蚀"。

（4）钒和钠含量　燃油中所含钒和钠等金属，当缸壁和排气阀表面温度过高时，形成"高温腐蚀"。因此，为避免高温腐蚀，应将排气阀表面温度控制在 550 ℃以下。

（5）机械杂质和水分　机械杂质可使喷油器的喷孔堵塞，致使供油中断，加剧油泵的磨损。水分会降低燃油发热值。

（6）闪点　有开口和闭口两种。开口闪点要比闭口闪点高 20～30 ℃。船用柴油机燃油的闪点一般为 60～65 ℃。

（7）凝点　表示燃油冷却到失去流动性时的最高温度。

二、燃油的喷射

1. 喷射过程各阶段的特点及影响因素

按喷射过程的特征可将其分为喷射延迟、主要喷射及滴漏三个阶段。

（1）喷射延迟阶段　从喷油泵供油始点到喷油始点为喷射延迟阶段。喷油泵供油始点，喷油器并未抬起喷油，直到喷油器内压力升高到启阀压力时，燃油才喷入气缸。因此，喷油提前角小于供油提前角。

① 供油提前角：喷油泵开始供油瞬时曲轴与上止点之间的夹角。能进行检查和调整。

② 喷油提前角：喷油器开始喷油瞬时曲轴与上止点之间的夹角。对柴油机燃烧过程有直接影响。

造成喷射延迟的原因：①燃油的可压缩性；②高压油管的弹性；③高压系统的节流。

（2）主要喷射阶段　从喷油始点到供油终点为主要喷射阶段。本阶段内喷油压力持续升高，燃油是在不断升高的高压下喷入气缸，本阶段的长短主要取决于柴油机负荷，负荷越大，本阶段越长。

（3）**滴漏阶段**　从供油终点到喷油终点为滴漏阶段。在这阶段中，喷油器中的压力从最高喷油压力一直下降到针阀落座压力。燃油是在不断下降的压力作用下喷入气缸，使燃油雾化不良，甚至产生滴漏现象。

2. 异常喷射及其原因

正常喷射是一个工作循环，针阀只启闭一次，针阀升曲线呈梯形，高压油管中剩余压力基本相同。与此相反或相异的喷射均为异常喷射。

（1）**重复喷射（二次喷射）**　当喷油泵供油结束，喷油器针阀落座后又重新被油压抬起的喷射现象称为重复喷射，又称为二次喷射。其原因是喷油器喷孔堵塞、出油阀减压作用被削弱、高压油管长度和内径变大或刚性变小、喷油器启阀压力过低等。

（2）**断续喷射**　指在喷油泵的一次供油期间，喷油器针阀断续启闭的喷射过程。柴油机低转速、低负荷运转或喷油设备偶件过度磨损时易发生断续喷射。

（3）**不稳定喷射和隔次喷射**　指喷油泵持续工作，但各循环的喷油量不均的情况。其极端情况是隔次喷射，即喷油泵供油两次才有一次喷油。原因与断续喷射相同。

（4）**滴漏**　指喷油器针阀偶件密封正常情况下，在喷油终了后仍有燃油自喷孔流出的现象。是由于针阀座下部至喷孔间容积过大，出油阀减压卸载能力不强使针阀不能迅速落座造成的。

3. 燃油的雾化

燃油在很大压差作用下，高速流经喷孔，由于喷孔的扰动作用及缸内压缩空气的阻力作用，使喷出的燃油分裂成由细小的油粒组成的圆锥形油束，这些油粒在燃烧室内进一步分散与细化的过程称为雾化。由此可知，影响燃油雾化的因素主要是喷出燃油的强烈扰动与缸内压缩空气对燃油的阻力。

评定雾化质量的指标包括以下几方面。

（1）**射程**　表示油束前端在空气中的贯穿深度（贯穿距离）；射程小，则油束不能布满燃烧室全部容枳，距喷油器远处空气不能被充分利用；射程大，则部分油喷在燃烧室低温壁面，使燃烧不完全，易积炭。

（2）**锥角**　表示油束的紧密（疏密）程度或扩散程度；锥角大，则扩散能力强，油粒细，分布散，与空气接触面大，有利于混合气形成；锥角大小与喷油器结构有关。

（3）**雾化细度**　油粒平均直径小，则细度好。

（4）**雾化均匀度**　指油粒直径的变化范围或油粒直径的相同程度。

三、喷油设备

1. 喷油设备的组成和要求

现代渔业船舶柴油机的燃油喷射系统绝大多数采用柱塞泵式直接喷射系统，其主要组成部件是喷油泵、喷油器、高压油管。喷油泵为高压柱塞泵，喷油器均为液压启阀式。

对喷油设备的基本要求是：正确的供油定时、精确的循环供油量、良好的雾化质量和喷油规律，即"定时""定量"和"定质"。

（1）**定时喷射**　柴油机在一定的转速和负荷情况下，均有一个最佳的喷油时间，喷油提前角的大小应根据机型和转速不同而定，可以总调、单调。

（2）**定量喷射**　喷油系统应保证柴油机在一定负荷下，精确地供给气缸所需要的燃油量，并随负荷的变化能够对供油量进行相应的调节，使柴油机发出的功率与负荷相平衡。当负荷不变时，应能保持各循环之间供油量不变，这样可以使发动机运转平稳。

（3）**定质喷射**　燃油喷射系统必须保证有足够的供油压力、正确的供油规律、良好的雾化效果。喷束的形状相分布应与燃烧室的形状相适应，以使燃油与空气充分混合。喷油压力可以调节。

此外，喷油设备还应满足工作稳定、可靠、无二次喷射和断续喷射等不正常喷射现象，无泄漏（喷射系统的液压试验压力应为其最大工作压力的1.5倍），能驱气、能应急停油等一些便于管理的要求。

2. 回油孔式喷油泵的作用和工作原理

（1）**喷油泵的作用**　喷油泵为柱塞泵，其作用除了产生喷射高压外，还有对供油的定时与定量。其定时供油由凸轮轴上的凸轮安装位置控制，凸轮轴与柴油机曲轴的传动相位确定整机各喷油泵的供油定时。喷油泵的定量供油取决于柱塞上行时有效供油行程的大小。

（2）**回油孔式喷油泵的工作原理**　见图1-5。

① 充油：当柱塞下行至最低位置时，套筒上的油孔被打开，燃油自进油腔被吸入套筒内腔（图1-5a）。

② 回油：当柱塞从最低位置被喷油泵凸轮顶动开始泵油行程时，部分燃油经回油孔流回进油空间，直到柱塞上部端面将回油孔关闭，燃油才开始受压缩（图1-5b），这就是喷油泵的"几何供油始点"。

③ 供油：柱塞继续上行，当柱塞斜槽打开回油孔时，柱塞上部的高压

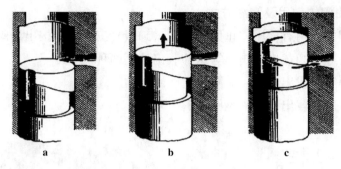

图1-5　回油孔式喷油泵的工作原理

燃油即经柱塞头部的直槽和环形槽与回油孔相通而流回进油空间（图1-5c），这就是喷油泵的"几何供油终点"。此后，柱塞再上行至行程最高位置，燃油则流回进油空间。

供油量的调节：转动柱塞，改变柱塞斜槽与回油孔的相对位置，从而改变供油量。回油孔式喷油泵的供油量调节有终点调节式、始点调节式及始终点调节式三种不同的方式，因此回油孔式喷油泵柱塞头部有不同线型，见图1-6。

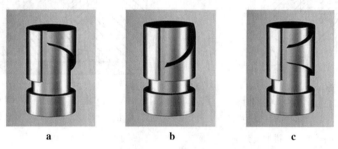

图1-6　三种供油量调节方式柱塞头部结构

a. 终点调节式　b. 始点调节式　c. 始终点调节式

a. 终点调节式（图1-6a）：喷油泵的柱塞头部结构，平顶且斜槽向下。特点是供油始点不变，终点均随负荷改变。负荷大时，供油终点滞后；负荷小时，供油终点提前。

b. 始点调节式（图1-6b）：喷油泵的柱塞头部结构，平底且斜槽向上。特点是供油终点不变，始点随负荷改变。负荷大时，供油始点提前；负荷小时，供油始点滞后。

c. 始终点调节式（图1-6c）：喷油泵的柱塞头部结构，有向上及向下的两条斜槽。特点是供油始点与终点均随负荷改变。负荷大时，供油始点提前，供油终点滞后；负荷小时，供油始点滞后，供油终点提前。

3. 出油阀的作用及卸载方式

出油阀的作用有蓄压、止回及减压（卸载）三方面。按出油阀的卸载方式，可分为等容卸载出油阀及等压卸载出油阀两种。

（1）等容卸载出油阀　见图1-7。

（2）等压卸载出油阀　见图1-8。

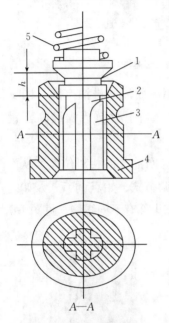

图1-7　等容卸载排油阀

1. 排油阀　2. 导向柱面　3. 排油阀
4. 排油阀座　5. 排油阀弹簧

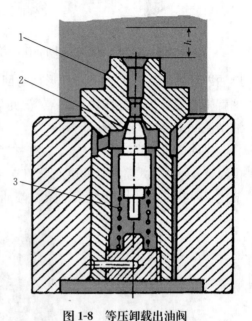

图1-8　等压卸载出油阀

1. 出油阀　2. 卸载阀　3. 卸载弹簧

4. 供油定时的检查与调节

（1）喷油泵供油定时的常用检查方法　有冒油法、标记法等。

① 冒油法：首先将柴油机曲轴盘车至喷油泵供油位置附近，一般为压缩上止点前 40°。检查时拆下喷油泵上的高压油管，并接上有助于清晰观察液面变化的玻璃管接头。然后将燃油手柄置于额定功率时的标定供油位置，手动泵动喷油泵柱塞使燃油在玻璃管中上升到一定可见高度。缓缓盘车，同时注视玻璃管中液面位置。液面刚上升的时刻，即供油时刻。

② 标记法：有些柴油机喷油泵的供油始点在泵体上装有固定和滑动标记（通常为一条刻线）。盘车时，标记重合的瞬间即喷油泵的供油始点。

（2）供油定时的调节　根据喷油泵的工作原理和传动结构，改变定时的方法一般有三种。

① 转动凸轮法：调节供油定时时，只要改变燃油凸轮与曲轴之间的相对位置，即可达到改变供油提前角的目的。当凸轮转动的方向与凸轮轴正车旋转方向相同时，喷油提前角增大，即提早喷油，反之则延迟喷油。

② 升（降）柱塞法：此法多用于中小型机回油孔调节式喷油泵。柱塞上升时，使柱塞上边缘封闭回油孔的时刻提前，从而供油定时提前，即供油提前角增大；反之柱塞下降，则供油定时滞后，喷油提前角减小。

③ 升（降）套筒法：套筒升高，则供油提前角变小。反之，则供油提前角变大。升降套筒的途径：套筒上端设有一组调节垫片，减少垫片即升高套筒；泵体下方设置多个调节垫片，增加垫片即升高套筒；在套筒下部设螺旋套，用定时齿条拉动使套筒升降。

5. 喷油器的结构和工作原理

（1）**结构**　多孔式喷油器的结构见图1-9。有多个喷孔，可在喷油嘴顶端均布或置于喷油嘴顶端单侧。喷孔直径相对较小，启阀压力较高，雾化质量较好，其喷柱形状与燃烧式形状相适应。主要部件包括针阀与针阀体偶件、喷油嘴、针阀弹簧及喷油器本体等。启阀压力由弹簧预紧力保证，由调节螺钉调节。

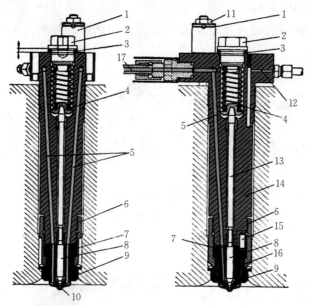

图1-9　多孔式喷油器

1. 支撑套　2. 调节螺钉　3. 垫圈　4. 针阀弹簧　5. 进油通道　6. 锁紧螺母　7. 针阀体　8. 针阀
9. 喷油座　10. 喷油嘴　11. 螺母　12. 回油通道　13. 顶杆　14. 喷油器本体
15. 定位销　16. 冷却水套　17. 进油管

（2）**工作原理**　当针阀腔内的燃油压力达到针阀开启压力时，作用在针阀有效面积上的燃油压力大于调节弹簧弹力，此时针阀开启，由于针阀腔与油嘴的压力室相通，容积突然增大，油压瞬间有微小下降，但由于柱塞继续上升及高压油管压力波的传递作用，使针阀腔内的燃油压力立即回升。针阀开启后，整个针阀导杆截面承受燃油压力，使针阀继续上升至顶点的限制块处。此时燃油压力继续上升到最大喷射压力。当喷油泵柱塞开始泄油时，燃油压力下降，针阀受力面积上的燃油压力小于调节弹簧弹力时，针阀关闭，所以针阀关闭压力小于启阀压力（抬起针阀的燃油最低压力）。

6. 喷油器的检查与调整

（1）**启阀压力的检查与调整**　试验台上先对泵密封性进行检查，关出口阀泵油至启阀压力以上，油压缓慢降落；装上喷油器并放空气，缓慢泵油，观察开始喷油时的压力即启阀压力。如此值与规定值不符，则拧动调节螺钉，直到符合要求为止。启阀压力取决于针阀弹簧预紧力，过低将造成雾化不良、二次喷射、喷油提前；过高则使喷油延迟、燃烧不良。

（2）**密封性检查**　包括针阀与针阀体柱面及针阀与针阀体锥面检查。

（3）**雾化质量的检查**　当手动泵油时，细心观察喷柱的形状、数目、油滴细度、均匀度和声音。注意察看在启阀压力之前和喷射之后喷孔处是否有燃油滴漏。

7. 喷油设备的主要故障

（1）**柱塞与套筒偶件**

① 过度磨损。

原因：偶件材料；燃油品质，如黏度过低、柱塞润滑不良、燃油含硫量过大使柱塞加剧腐蚀。

危害：会使密封性下降，造成偶件漏油、喷油压力下降、雾化不良、燃烧恶化；各缸喷油量不均匀；喷油提前角变小；循环供油量降低，柴油机转速下降。

② 柱塞卡紧和咬死。

原因：燃油净化不良，油中仍有杂质颗粒；安装不正确或间隙过小；油温突变。

危害：油泵不能供油而使气缸停止工作。

（2）**出油阀和阀座偶件密封面磨损**

原因：燃油中有杂质；燃油的酸性腐蚀；撞击或阀面扭曲变形等。

危害：密封性下降，使高压油管中的剩余压力下降，影响雾化质量及燃烧过程；喷油压力下降；喷油提前角会变小；循环供油量降低，柴油机转速下降。

（3）针阀与针阀体偶件

① 磨损。针阀磨损的部位有密封锥面和针阀柱面两处。

密封锥面磨损原因：同出油阀座磨损。

危害：引起燃油滴漏，喷孔结炭。当阀座磨损而下沉时会使密封面压强变小，燃油流经锥面时的节流损失增大，使雾化质量变差。

柱面磨损原因：油质不佳。

危害：喷油压力下降，雾化质量变差，缸喷油量不均匀，转速不稳。

② 针阀卡紧和咬死。

原因：燃油中大机械杂质进入针阀偶件之间；喷油器冷却不良；油温突变。

危害：针阀在关闭位置咬死，则使喷射系统中油压剧增，高压油管脉动强烈，高压油管接头漏油或破裂，喷油器发热并有异常响声。柴油机排温降低，转速降低。针阀在开启位置咬死，则高压油管无脉动，燃油未经雾化即喷入气缸，燃烧恶化。柴油机排温升高，转速降低。

（4）喷油嘴

① 喷孔堵塞。

原因：喷孔堵塞大多由结炭引起，喷孔内外结炭主要是由雾化头过热引起的，喷孔内外结炭使孔径减小，射程缩短，致使燃烧更接近雾化头，雾化头温度更高，造成恶性循环，以致喷孔堵塞；燃油中的机械杂质。喷孔外喷油嘴表面结炭大多与针阀密封不良或关闭不及时形成滴漏有关。

危害：使燃油雾化不良，燃烧恶化；严重使各缸喷油量不均，转速不稳，后燃加剧。

② 磨损。

原因：燃油中的杂质和酸性腐蚀；高压燃油冲刷。

危害：喷孔直径增加，喷柱锥角减小，雾化不良，燃烧恶化。

③ 裂纹。主要是由于高温作用引起。

四、柴油机的燃烧过程

1. 燃烧过程的四个阶段

根据油泵供油、喷油器喷油及气缸压力温度的变化特点，可将燃烧过程分为滞燃期、急燃期、缓燃期及后燃期等四个阶段。

（1）**滞燃期**　从喷油开始到缸内发火点为止称滞燃期，又称着火延迟期。

滞燃期对燃烧过程的影响：在滞燃期内的喷油量均经充分的物理和化学准备，而且此时活塞已接近上止点，气缸容积很小，一旦发火燃烧，这些可燃混合物会瞬时燃烧，使缸内的压力迅速升高到最高爆炸压力。如滞燃期过长，因参与瞬时燃烧的可燃混合气过多，压力升高过快，使柴油机工作粗暴，发生敲缸和机件损坏，因此应力求缩短滞燃期。

（2）**急燃期**　从着火点开始到缸内气体压力最高点为止，称为急（速）燃期。

主要问题：燃烧过程速度过快，使平均压力升高率过大，而产生燃烧敲缸。

（3）**缓燃期**　从缸内气体压力最高点到缸内气体温度最高点为止，称为缓燃期。

主要矛盾：油气得到氧分子的速度赶不上燃烧速度的需要而发生不完全燃烧。为改善此阶段的燃烧质量，应设法加强燃烧室内的空气扰动，以及加速混合气的形成。

急燃期＋缓燃期＝主燃烧期

（4）**后燃期**　缸内气体温度最高点以后发生的燃烧过程，称为后燃期。

后燃的危害：①排气温度的升高，热负荷增加，燃烧室等部件过热、可靠性降低。②可靠性效率降低，油耗率增加，经济性降低。③可能引起烟囱着火造成火灾。因此，应尽量缩短后燃期。

形成后燃的主要原因：①喷油提前角太小。②超负荷运行，喷油结束太迟。③喷油雾化不良甚至产生滴漏现象。④气缸密封不好。⑤燃油品质不好或雾化预热温度太低。

2. 燃烧过程的控制措施

燃烧过程的控制措施主要在运转管理方面。

（1）确保换气质量良好

（2）确保燃油喷射正常

（3）关注所使用燃油的品质

（4）确保气缸压缩温度

（5）日常航行管理　①观看排气颜色。②察看各缸排气温度。③观看各缸冷却水出口温度。

第四节 柴油机的换气与增压

一、柴油机的换气过程

四冲程柴油机从排气阀开到进气阀关的整个换气过程，分为自由排气阶段、强制排气阶段和进气阶段三个阶段。

二、柴油机的换气机构

换气机构又称配气机构，由气阀机构、气阀传动机构、凸轮轴及传动机构组成。图 1-10 为机械式气阀传动机构。

1. 气阀机构的组成、功用和工作条件

气阀机构由气阀、阀座、气阀导管、气阀弹簧和连接件等组成。

（1）功用 保证进气阀和排气阀按规定时间开启或关闭，使尽可能多的新鲜空气进入气缸，并使膨胀后的废气从气缸排净，保证柴油机工作过程连续和完善。

（2）工作条件 气阀和阀座的工作条件最恶劣。尤其是排气阀，阀盘与阀座的底面因燃气高温、高压的作用而受到高速炽热气流的冲刷。燃气中的硫、钒、钠氧化物的聚合物对气阀和阀座有腐蚀作用（高温腐蚀）。气阀在关闭时，阀面与座面发生撞击和磨损，承受着很大的机械负荷。

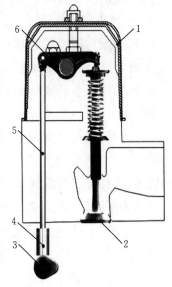

图 1-10 机械式气阀传动机构
1. 气阀室罩 2. 气阀 3. 凸轮轴
4. 顶柱 5. 顶杆 6. 摇臂

2. 气阀传动机构和凸轮轴及传动机构

传动机构的作用是把凸轮的运动传给气阀，因而凸轮机构直接控制着气阀启闭时刻的动作规律。

3. 气阀间隙

气阀间隙指在冷车状态下，气阀关闭时，在摇臂端与气阀阀杆之间留有的间隙，又称气阀的热胀间隙（气阀在工作时会受热膨胀，冷车时的间隙按说明书要求留足）。

气阀间隙的测量与调整：

（1）逐缸调整法 冷车状态下，将该缸盘车至进、排气阀处于关闭状态

（顶杆滚轮落在凸轮的基圆上），按说明书规定的间隙用塞尺检查和调整，该间隙可由调节螺钉进行调节。用同样的方法完成对一台柴油机气阀间隙的检查和调整。

（2）两次盘车调整法　按柴油机的发火次序，如四冲程六缸柴油机，其发火次序为1→5→3→6→2→4，将第一缸盘车至压缩上止点，按表1-1调整。

表1-1　气阀间隙的两次盘车调整法

缸号	1		2		3		4		5		6	
气阀	进	排	进			排	进			排		

完成上述检查与调整后，盘车360°，对剩余未调整气阀进行检查与调整。

4. 气阀机构的故障

（1）阀面与阀座的磨损　燃气中的固体颗粒、气阀积炭等冲刷或落到接合面上时，阀与阀座撞击会造成阀面和阀座的密封面上有伤痕；燃油中的硫、钒和钠腐蚀会造成阀面和阀座的密封面上出现麻点。这两种磨损将使气阀的密封性变坏，使柴油机使用性能降低。

（2）阀面与阀座烧损　阀面与阀座变形（扭曲、失圆、偏移、倾斜、阀盘翘曲等）或严重积炭而漏气，会产生烧损或烧伤；阀面与阀座过度磨损，会引起伤痕和麻点处漏气而形成烧损；气阀导管间隙过小或过大，使阀杆卡阻、变形，阀盘不能落座，使密封面发生均匀烧损。

（3）阀杆卡紧　引起阀杆卡紧的原因除安装不正（中心线偏移或倾斜）外，间隙过小或过大、滑油量过多或过少、温度过高等均会致使阀杆卡死在导管中。这将使气阀与阀座关闭不严密而发生漏气，甚至影响气阀的正常启闭。

（4）阀杆和阀头断裂　阀杆的断裂大多是由于阀的启闭频繁撞击引起金属疲劳，以及高温下金属的机械强度降低所造成的。阀盘的断裂则是由于阀盘变形局部应力过大、气阀间隙过大而使落座速度过大、高温下金属的机械强度降低、气阀机构振动、阀盘堆焊材料不同而开裂等原因造成的。阀杆和阀头断裂将使柴油机立即停止工作，并可能会击碎气缸和活塞。

（5）气阀弹簧和弹簧盘断裂　气阀弹簧断裂的原因除材质、加工、热处理不符合要求或保管中锈蚀外，大多是因为振动造成的。

三、柴油机的增压

废气涡轮增压有定压涡轮增压系统、脉冲涡轮增压系统两种基本方式。

一般来说，小型柴油机采用脉冲增压的方式。

1. 脉冲增压

（1）脉冲涡轮增压特点　把涡轮增压器尽量靠近气缸，排气管短而细并进行分组，排气管中（涡轮前）的压力是波动的。

（2）能量利用特点　脉冲增压利用了部分的脉冲动能和定压能，故废气能量利用增高。尤其在增压压力较低时，脉冲动能所占比例增大，此时采用脉冲增压可使废气能量得到更充分的利用。

（3）缺点　涡轮工况不稳定，效率较低。

2. 废气涡轮增压器的结构

废气涡轮增压器由废气涡轮和压气机两部分组成。目前，在中小型柴油机中多数采用径流式的废气涡轮增压器。现以 6160 型柴油机中所采用的 12CJ 型废气涡轮增压器（图 1-11）为例来介绍其工作原理和结构，它主要由单级涡轮、单级离心式压气机和装有支承装置、密封装置的中间壳三部分组成。

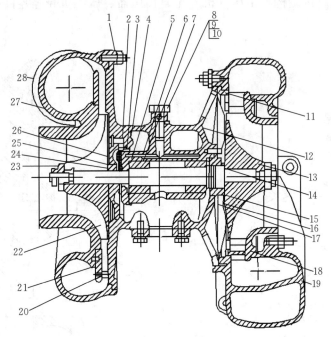

图 1-11　12CJ 型废气涡轮增压器

1. 垫圈　2. 承推片　3. 承推轴承　4. 调整垫片　5. 密封盖板垫片　6. 轴承镶套　7. 轴承

8，9，10. 进油螺钉等　11. 喷嘴环　12. 中间壳　13. 涡轮叶轮　14. 密封环　15. 密封座

16. 外挡热板　17. 内挡热板　18. 涡轮镶盖　19. 涡轮壳　20. 定距销　21. 扩压器

22. 压气机叶轮　23. 螺母　24. 调整垫圈　25. 密封套　26. 密封盖板　27. 压气机壳　28. 挡油罩

（1）**废气涡轮结构**　废气涡轮是压气机的动力来源，它的作用是把柴油机的废气能量转变成推动增压器转子旋转的机械功，从而带动压气机旋转。它由涡轮壳、涡轮叶轮和喷嘴环等零件所组成。

（2）**涡轮壳**　与进气壳合铸而成。因其用于变压式涡轮增压系统，柴油机各缸以两根排气支管与涡轮壳相连，故涡轮壳的进气部分有 2 个进气口，柴油机排出的废气从这里进入喷嘴环和涡轮叶轮。

（3）**喷嘴环**　又称为导向器（图 1-12），安装在涡轮进气壳与叶轮之间。废气是从这里进入叶轮的。喷嘴环叶片均匀分布于喷嘴环上，它的另一作用是把废气热能和压力能变为速度能。喷嘴环对涡轮的工作性能影响很大，要求流道光滑、洁净，叶片出口角度及喷嘴环出口面积要有严格保证。

（4）**涡轮叶轮**　工作条件非常恶劣，叶片薄而受力复杂。为了提高其结合强度，将叶片和轮盘铸成一体。涡轮叶轮（图 1-12）用键接合在主轴上，尾端用平肩和盖形螺母紧固，并紧锁。

（5）**压气机结构**　由压气机叶轮、扩压器、压气机壳等零件所组成（图 1-13）。

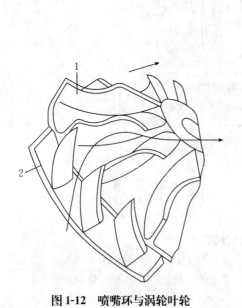

图 1-12　喷嘴环与涡轮叶轮

1. 涡轮叶轮　2. 喷嘴环

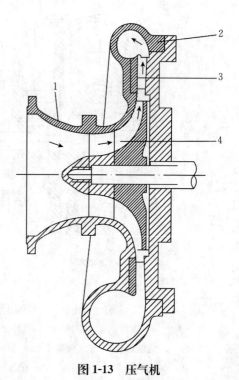

图 1-13　压气机

1. 压气机　2. 压气机壳　3. 扩压器　4. 压气机叶轮

3. 增压系统的故障与应急处理

（1）常见故障

① 轴瓦烧坏：因增压器是高速旋转的机械，如滑油压力不足、油量不足或油质过脏，都可能在很短时间内发生烧瓦事故。

轴瓦烧坏时，常表现为滑油出口温度升高，增压器转速下降，扫气压力低落。如推力轴瓦烧坏，转子就会发生轴向窜动，造成叶轮与壳体相碰，发生金属摩擦声或撞击声。

② 涡轮叶片损坏：原因大多数是由于外来异物进入涡轮所引起的，如活塞环断块的进入等。

③ 涡轮增压器的振动：涡轮叶片断裂或弯曲，这时应更换叶片，或将损坏叶片的对称部位叶片作同样的修整；轴承损坏或轴承间隙过大，这时应须修复；转子弯曲，如没有可靠的方法将其校正，则应换新，修理后的转子应重新校验动平衡。

④ 运转中的杂音：气封安装不良，发生摩擦；涡轮叶轮或压气机叶轮与固定部分相擦；废气涡轮进气时吸入异物。

（2）应急处理　在运行中，一旦发生增压器损坏，又不能及时修复，只好采取应急措施，将损坏的增压器停掉，让柴油机继续运行。一般有两种措施：①如果允许柴油机停车时间很短，必须马上恢复运行。这时只需拆下压气机端和涡轮端的轴承盖，用专用工具把转子轴锁住，并在压气机排出管路上装上密封盖板，防止增压空气流失。②如果允许柴油机停车时间较长，可将转子拆除，并用专用工具封闭涡轮增压器，以防燃气和增压空气外泄。

停用增压器后，应降低柴油机负荷，防止排温过高和冒黑烟。

第五节　柴油机的调速装置

一、机械调速器的工作原理和特点

渔船中小型柴油机主要是采用机械调速器（直接作用式调速器）。它是直接利用飞重产生的离心力去移动油量调节机构来调整柴油机转速。

机械式调速器主要由飞重 6、滑动套筒 5 及调速弹簧 4 组成（图 1-14）。

飞重 6 安装在飞重架 7 上，通过转轴 8 由柴油机驱动高速回转。由飞重

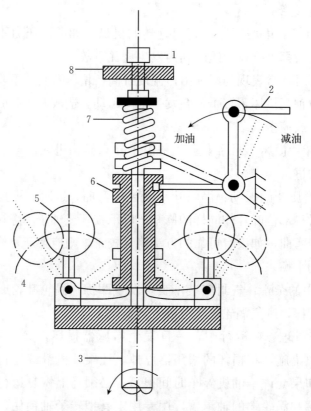

图 1-14　机械调速器的工作原理

1. 转速调节螺钉　2. 油量调节杆　3. 转轴　4. 飞重架　5. 飞重　6. 套筒　7. 调速弹簧　8. 本体

6 和弹簧 4 组成的转速感应元件是按力平衡原理工作的。当柴油机发出的功率与外界的负荷刚好平衡时，它便在某一转速下稳定工作。这时，飞重 6 的位置如图 1-14 中实线所示，它所产生的离心力（通过钩脚作用在套筒 5 底部）恰好与弹簧 4 的预紧力相平衡，油量调节杆 1 停留在某一供油量位置。若外界负荷突然减小，柴油机发出的功率大于外界负荷而使转速升高，这时飞重的离心力将大于弹簧的预紧力而使套筒 5 上移，增加弹簧 4 的压缩量，使作用力增加，同时通过角杆拉动油量调节杆 1 以减小供油量。当调节过程结束时，柴油机的功率就与外界负荷在彼此都减少了的情况下恢复平衡。调速器的飞重也稳定在图 1-14 中虚线位置，它的离心力和弹簧的作用力也在彼此都增大了的情况下恢复平衡。当外界负荷突然增加时，调速器的动作与上述相反。

由上述可知，机械式调速器不能保持柴油机调速前后的转速不变，即外界负荷改变后不能使柴油机恢复到原来的转速。当外界负荷减小时，调节后的转速要比原来的转速稍高；而当外负荷增加时，调节后的转速要比原来的转速稍低。

二、机械调速器的常见故障及排除

调速器是柴油机的重要组成部分，它直接影响柴油机的运转性能。若调速器发生故障，可以导致柴油机转速不稳，甚至熄火或"飞车"等事故。因此，对调速器及其系统进行细心、正确的维护和管理十分重要。

1. 调速器不能使柴油机达到全速运转

① 调速弹簧失效，张力不足或预紧力过小。可重新调整弹簧预紧度或更换新弹簧。

② 调速器动力输出端与喷油泵之间的连接相对位置发生偏差或连接松动、间隙过大。可重新进行安装和调整，并固定其位置不变。

③ 高速限制螺钉未调整好，把转速限低了，使柴油机转速升不上去。重新调整准确。

2. 柴油机飞车

① 调速器输出端与喷油泵之间连杆销脱落，供油量无法降低。检查重新安装，加装开口销等保险装置。

② 调速器输出端与喷油泵之间咬死或卡住，喷油量无法减下来。修复，增加灵活性。

③ 其他原因或故障引起的飞车。根据具体原因处理。

第六节　柴油机的启动

目前渔船上普遍采用的启动方式有人力启动、电马达启动、气马达启动、压缩空气启动等。

一、电马达启动

1. 电马达的结构

电马达的结构见图 1-15。

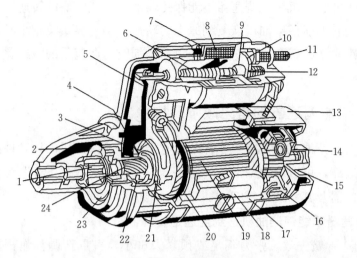

图 1-15　电马达结构

1. 驱动齿轮　2. 罩盖　3. 制动盘　4. 传动套筒　5. 拨叉　6. 回位弹簧　7. 保持线圈　8. 吸引线圈
9. 电磁开关壳体　10. 触点　11. 接线柱　12. 接触盘　13. 后端盖　14. 电刷弹簧　15. 换向器
16. 电刷　17. 磁极　18. 磁极铁芯　19. 电枢　20. 磁场绕组　21. 移动衬套　22. 缓冲弹簧
23. 单向离合器　24. 电枢轴花键

2. 电启动系统原理和电磁操纵机构的电路图

电启动系统原理见图 1-16，电磁操纵机构的电路图见图 1-17。

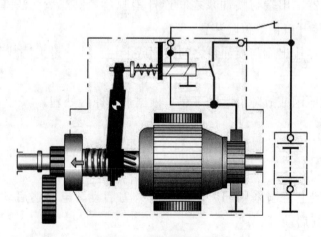

图 1-16　电启动系统原理

3. 电马达启动的工作原理

启动时，接通启动开关启动马达电路通电，继电器的吸引线圈和保持线圈通电，产生很强的磁力，吸引铁芯左移，并带动驱动杠杆绕其销轴转动，

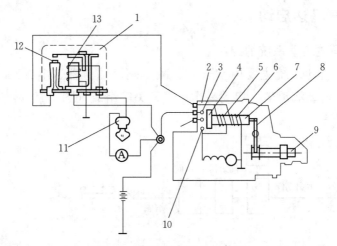

图1-17　电磁操纵机构的电路

1. 启动继电器　2. 启动机　3. 启动机蓄电池接线柱　4. 接触片　5. 吸引线圈　6. 保持线圈　7. 铁芯
8. 驱动杠杆　9. 小齿轮　10. 电动机接线柱　11. 启动开关　12. 启动接触器触点　13. 启动接触器线圈

使齿轮移出与飞轮齿圈啮合。与此同时，由于吸引线圈的电流通过电动机的绕组，电枢开始转动，齿轮在旋转中移出，冲击减小。当铁芯移动到使短路开关闭合的位置时，短路线路接通，吸引线圈被短路，失去作用，保持线圈所产生的磁力足以维持铁芯处于开关吸合的位置。发动机启动后，随着曲轴转速升高，飞轮齿圈将带动驱动齿轮高速旋转。当其转速大于十字块转速时，在摩擦力作用下，滚柱滚入楔形槽的宽端而打滑，这样转矩不能从驱动齿轮传给电枢轴，从而防止了电枢超速飞散。柴油机启动后，断开启动开关，此时流经电磁线圈电流为：蓄电池正极→接线柱→接触盘→接线柱→吸引线圈→保持线圈→搭铁→蓄电池负极。由于吸引线圈产生了与保持线圈相反方向的磁通，两线圈电磁力相互抵消，活动铁芯在弹簧力的作用下回位，使驱动齿轮退出啮合状态，接触盘同时回位，切断电马达电路，启动马达停止工作。

4. 电启动马达的使用与维护

① 启动机每次启动时间不超过5 s，再次启动时应间歇15 s，使蓄电池得以恢复。如果连续第三次启动，应在检查与排除故障的基础上停歇2 min以后进行。

② 在冬季或低温情况下启动时，应对蓄电池采取保温措施。

③ 发动机启动后，必须立即切断启动机控制电路，使启动机停止工作。

二、气马达启动

1. 气马达启动系统的组成

气马达启动系统主要由空气瓶、减压阀、油雾器、电磁阀、主启动阀（继气器）、自动润滑器、启动马达、气开关等组成（图 1-18）。

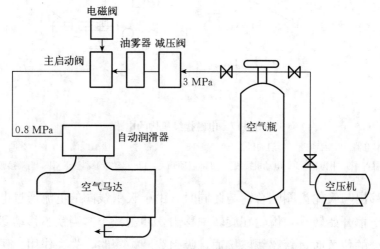

图 1-18　气马达启动系统示意图

（1）**主启动阀（继气器）**　用于控制启动马达进气通路的启闭。进口处与减压阀相连，出口处通向气动马达叶片，阀的开启是由气动马达预啮合出口的压缩空气控制。

主启动阀在使用过程中应注意保持端盖中气孔相通，并防止水、污物由此落入阀体内，造成锈蚀，使主启动阀失控。

（2）**油雾器**　一种机油雾化装置，其功能是向进气系统中的压缩空气提供适当的机油，以供各气动元件正常润滑。主要由油雾器体、油雾气盖、吸管组成，安装方向与油雾器箭头方向相同。使用前，应向油雾器体内加入适量机油。使用时，高速流动的压缩空气从油雾气盖的进气口流向出气口，在气流压差作用下，油雾器体内的机油通过吸管喷出，经高速气流喷散雾化，随压缩空气进入系统各气动元件中，粘在元件内壁上，起到润滑和防腐作用。

随着油雾器机油消耗，应经常检查油雾器体内液面高度，必要时，添加清洁的机油。

（3）调压阀　作用主要是调整进气压力。

（4）**过滤器的清洗**　为提高输出空气的质量，调压阀内装有铜粉末冶金的过滤器。当发现调压阀输出流量明显减少时，应旋松调压阀下盖，取出过滤器及时清洗，过滤器用矿物油清洗后再用压缩空气吹干。

（5）**气开关（启动按钮）**　气开关为一手动按钮气路开关，柴油机启动过程中，应密切注视柴油机主启动阀的工作状态。一经启动，应立即释放开关按钮，以关闭压缩空气通道，使整个启动马达系统退出工作状态。使用中，应防止水冲、雨淋，以免内部机件受潮，造成锈蚀，损坏。

柴油机工作时，严禁按动开关，以防管路中余气推动马达输出齿轮前进，损坏飞轮罩壳，造成损伤。

2. 气马达启动的基本工作原理

当柴油机启动时，打开空气瓶的控制阀，压缩空气经调压阀减至 0.6～0.8 MPa 到达继气器、主启动阀，按下启动按钮，电磁阀打开，主启动阀开启，压缩空气推动启动马达齿轮与柴油机飞轮齿轮圈啮合，啮合完成后自动进入启动状态。与此同时，由继气器来的压缩空气作用在气动马达的叶片上，带动叶片旋转，叶片旋转带动同轴上的小齿轮旋转，小齿轮通过齿轮传动带动与飞轮齿圈啮合的齿轮旋转，因而飞轮旋转使柴油机启动。柴油机启动完成后，松开按钮，切断气源，柴油机飞轮上的齿圈驱动气动马达齿轮复位，柴油机启动过程结束。

3. 气动马达使用中的注意事项

① 每次启动前，应观察油雾器是否有足够的润滑油，油量不得少于其容积的 1/3，同时油面不得超过加油塞下面。

② 系统工作时，必须保证油雾对系统的正常润滑，其流量每分钟 30 滴左右。流量调整方法：调整调节螺钉，顺时针转动，流量减少；反之，加大。流量大小可以通过目测指示器观察。

③ 启动时，应首先接通气源，再打开气开关，使气路畅通，待启动完成后，迅速关闭气开关。

④ 压缩空气必须经油雾器再到达继气器，两者位置不得调换。

⑤ 注意油雾器、继气器进、出方向，不得反装。

⑥ 管路安装过程中，不得对马达解体。

⑦ 保证各接口处密封，不得有漏气现象。

⑧ 经常检查各部分紧固螺钉，不得有松动。

⑨ 该马达不可在工作气压下长时间无负荷运转。

⑩ 高压管路必须采用无缝钢管，管路辅件不得采用铸造件。

4. 气马达启动装置常见故障分析及排除方法

气马达启动装置常见故障分析及排除方法见表1－2。

表1-2 气马达启动装置常见故障分析及排除方法

序号	故 障	原 因	排除方法
1	打开开关，输出轮不伸出	① 总阀未打开 ② 管路堵塞 ③ 预啮合进、出气管接反	① 打开总阀 ② 检查管路系统 ③ 调换；改正安装
2	输出齿轮与飞轮啮合不良	马达安装位置不当	调整安装位置
3	输出齿轮达到规定行程，但马达不转	① 继气器失灵 ② 工作气压低 ③ 管路有泄漏 ④ 马达有故障	① 拆检继气器 ② 提高工作气压 ③ 排除泄漏 ④ 更换或修理马达
4	马达工作，但柴油机不启动，达不到启动转速	① 工作气压偏低 ② 泄露严重 ③ 柴油机有故障	① 提高工作气压 ② 排除泄漏 ③ 排除故障
5	马达出气口出现烟雾	① 压缩空气缺少润滑油	① 检查油雾器是否有足够润滑油，调整油雾器满足润滑条件

三、压缩空气启动

1. 压缩空气启动装置的主要组成及工作原理

（1）直接控制式压缩空气启动装置主要组成部分　见图1-19。

（2）简单工作原理　按柴油机的发火次序将压缩空气（压力为2.5～3.0 MPa）引入气缸，用压缩空气代替燃气，使其在膨胀冲程进入气缸，推动活塞向下运动，待曲轴转动达到启动转速，（同时）向气缸喷入燃油，直到活塞能自行压缩使燃油发火时，切断压缩空气，保持供油燃烧，则柴油机被启动。在启动装置中起关键作用的是气缸启动阀和空气分配器。

从空气分配器引入的空气使气缸启动阀打开并同时进入柴油机的气缸。当压缩空气经分配器泄入大气后，该阀在弹簧作用下关闭，启动过程停止并防止燃气倒冲入空气瓶。

直接控制式压缩空气启动装置用于中、小型柴油机。

（3）保证可靠启动的条件　压缩空气必须具有足够的压力和一定的储

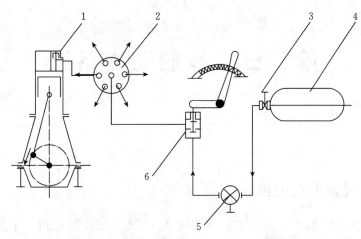

图 1-19　直接控制式压缩空气启动装置原理图

1. 气缸启动阀　2. 空气分配器　3. 出口阀　4. 启动空气瓶　5. 截止阀　6. 启动控制阀

量；供气适时并有一定的延续时间，即定时；必须保证最少的气缸数。

2. 直接控制式压缩空气启动的故障及处理

（1）柴油机不能启动　检查系统空气压力、控制阀门的正确动作。

（2）启动时曲轴虽然转动，但未达启动转速　检查系统空气压力、各阀门泄漏等。

（3）某段启动空气管发热　对应气缸启动阀泄漏等。

第二章 渔船动力系统

第一节 燃油系统

一、燃油系统的组成

动力装置燃油系统是为主、副柴油机等供应足够数量和一定品质的燃油，以确保渔船动力机械的正常运转。燃油系统一般由加装、储存、净化和供给等部分组成。

二、燃油的加装

加装燃油前，应预先测量、计算各燃油舱的实际存量和确切的燃油品种。根据需要确定加油量，并通知船长。加油前应尽量将相同的燃油并舱，以免因新旧燃油不相容而引起沉淀。由轮机员负责准备加油管系，开妥有关阀门，并检查各接头的可靠性，防止燃油流到舷外污染水域。

加油期间严禁进行电焊等明火作业，严禁甲板除锈作业，禁止穿有铁制鞋掌的鞋子，严禁操作未作防爆处理的电气开关，严禁烟火。

三、燃油的净化和供给

燃油净化处理过程包括沉淀、滤清。燃油柜应定期放水排污。

日用油柜中的燃油通过燃油供给系统送入主、副柴油机。柴油机燃油供给系统分为低压和高压两部分。低压部分包括柴油柜、柴油粗滤器、细滤器、输油泵和低压油管；高压部分包括喷油泵、高压油管、喷油器。在实际使用过程中，应对柴油机燃油供给系统的油柜、粗滤器和细滤器定期进行技术保养，从而有效地保证柴油机的油路正常畅通。

第二节 滑油系统

一、滑油系统的作用、组成

滑油系统用以保证供给柴油机动力装置各运动部件的润滑和冷却所需的

润滑油。滑油系统一般是由滑油储存舱（柜）、滑油循环舱（柜）、滑油泵、净油设备及滑油冷却器等组成。其组成形式依柴油机结构不同，分为湿油底壳式和干油底壳式滑油系统。

二、滑油系统的维护管理

① 正确选用滑油。

② 正确调节滑油系统中的温度与压力。滑油进、出柴油机的温差一般为 10～15 ℃。

③ 备车暖机。油温应达到 38 ℃左右。

④ 检查滑油循环柜的油位。正常油位应低于油柜顶板 15～20 cm。

⑤ 定期检查和清洗滑油滤器和冷却器，检查滑油冷却器的冷却水管，防止其被海水腐蚀烂穿，清洗冷却器以提高其冷却效果。

⑥ 定期检查滑油质量。用经验法、油渍试验法、化验法等判断滑油的质量。

三、润滑油

1. 柴油机中滑油的作用

（1）润滑减摩　在相互运动表面保持一层油膜以减少摩擦。这是润滑的主要作用。

（2）冷却作用　带走两运动表面间因摩擦而产生的热量，保证工作表面的适当温度。

（3）密封作用　产生的油膜同时可起到密封作用。如活塞与缸套间的油膜除起到润滑作用外，还可以帮助密封燃烧空间。

（4）清洗作用　带走运动表面的灰尘和金属微粒，以保持工作表面清洁。

（5）防腐作用　形成的油膜覆盖在金属表面使空气不能与表面金属接触，防止金属锈蚀。

（6）减轻噪声　形成的油膜可起到缓冲作用，避免两表面直接接触，以减轻振动和噪声。

2. 滑油的主要性能指标

（1）黏度　为滑油最重要的指标，在很大程度上决定楔形油膜的形成。

（2）酸值、碱值、中和值　①酸值是表现润滑油中含有酸性物资的指标，单位是 mgKOH/g。酸值分强酸值和弱酸值两种，两者归并即总酸值（简称 TAN）。凡是所说的"酸值"，实际上是指"总酸值（TAN）"。②碱值是表现润滑油中碱性物质含量的指标，单位是 mgKOH/g。碱值亦分强碱值和弱碱值两种，两者归并即总碱值（简称 TBN）。凡是所说的"碱值"，实际上是指"总碱值（TBN）"。③中和值实际上包含总酸值和总碱值。然而，除了另有注明，一般所说的"中和值"，实际上仅指"总酸值"，其单元也是 mgKOH/g。

（3）凝点　指在规定的冷却条件下油品停止流动的最高温度。润滑油的凝点是表示润滑油低温流动性的一个重要质量指标。凝点高的润滑油不能在低温下使用。相反，在气温较高的地区则没有必要使用凝点低的润滑油。

四、曲轴箱油变质与检查

曲轴箱油变质的原因主要包括外来物混入和滑油本身氧化两类。检验方法有经验法、油渍试验法、化验法等。

第三节　冷却系统

一、冷却系统的组成和类型

渔船柴油机冷却系统大都分为开式、闭式两种类型。

1. 开式冷却系统

开式冷却系统由海底阀和海水泵组成，海水出口水温不可超过 45 ℃，主要用于某些小型船舶柴油机的冷却。

2. 闭式冷却系统

闭式冷却系统是用淡水冷却高温零部件，然后用海水冷却淡水使之温度降低后再次使用，这是一种间接冷却方式。由海底阀、海水泵、淡水泵、膨胀水箱、淡水冷却器等组成。

二、冷却系统的主要设备和作用

（1）水泵　海水泵和淡水泵，通常使用离心泵。

（2）膨胀水箱　作用是膨胀、补水、驱气、投药、暖缸（有加热装置时）。

（3）平衡管　是膨胀水箱至淡水泵进口端的管子，起补水并保持水泵吸入压头的作用。

（4）淡水循环柜 作用同膨胀水箱，汇总各缸冷却水、补水、投药、加热暖缸。

（5）冷却水温度自动调节器（类似恒温器）

三、冷却系统的维护管理

① 正确使用和管理冷却系统中的各种机械、设备。

② 正确控制冷却介质的压力。

③ 正确调节冷却介质的温度。应按冷却水或海水进入冷却器的流量来调节温度，切不可调节冷却水进机流量。淡水出口温度取上限值，中高速机 70~80 ℃，低速机 60~70 ℃，进出口温差小于 12 ℃。

④ 注意膨胀水箱的变化。

⑤ 定期清洁海水滤器和定期投药，以抑制海生物在系统中的生长，并在其装置内安装防腐锌块。

⑥ 定期对冷却系统进行水质处理。

⑦ 柴油机采用闭式淡水冷却时，应设有开式海水冷却管路。

第三章　轴系与推进装置

第一节　轴　　系

一、渔船推进装置的传动方式

（1）直接传动　是主机功率直接通过轴系传给螺旋桨的传动方式。

（2）间接传动　指螺旋桨和主机之间的功率传递除经过轴系外，还需经过某种特设的中间环节（离合器或减速器）的一种传动方式（图 3-1）。

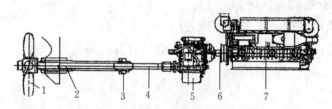

图 3-1　间接传动推进装置示意图

1.螺旋桨　2.螺旋桨轴　3.轴承座　4.中间轴　5.减速齿轮箱　6.离合器　7.主机

二、传动轴系

1. 传动轴系的组成

传动轴系指从主机曲轴动力端法兰（主机或齿轮箱）到螺旋桨之间的部分，其组成包括：

（1）传动轴　包括推力轴、中间轴和艉轴。

（2）支承传动轴用的轴承　包括推力轴承、中间轴承和艉轴承。

（3）轴系附件　主要是密封、润滑、冷却设备等。

2. 传动轴系的作用

① 把柴油机曲轴的动力矩传给螺旋桨，以克服螺旋桨在水中转动的阻力矩。

② 同时把螺旋桨产生的推力传给推力轴承，以克服船舶航行中的阻力，

使船舶前进。

3. 传动轴系的管理

① 应确保冷却海水的供应，注意检查冷却水的温差。

② 注意检查中间轴承的温度、油位、油环的工作和两端的密封。

③ 对于水润滑艉轴管，注意填料函的工作情况，要让少量水漏入舱内，以冷却填料函。

④ 对于白合金艉轴管，检查重力油柜的油位，定期补足，特别应检查首、尾部的密封装置，观看船尾海面有无油花。

⑤ 运转中注意观察轴是否跳动，轴承是否异常振动，个别轴段是否发热甚至发蓝。

三、轴线调整的注意事项

轴线的位置由轴承的位置来确定，各轴承孔中心连线代表轴线。轴承位置在总体上布置好以后，对轴承在垂直方向和水平方向上的对中性也要细心检查和严格调整，轴线对中性不良将带来严重后果。

对中、小型船舶，轴承中心可按直线布置。

轴线调整可用平轴法，安装顺序是从船尾向船艏逐根定位，先定位艉轴（螺旋桨轴），再定位中间轴，再定齿轮箱，最后对主机。以上校中均以检验一对法兰的偏移和曲折的方法来对中轴系。

四、艉轴管结构及各种艉轴封的日常管理和注意事项

艉轴管装置用来使艉轴通出船尾，支撑螺旋桨和艉轴重量，防止海水漏入机舱内，也防止滑油漏出船外和漏入机舱内。它由艉轴管、艉轴承、密封装置、润滑和冷却系统组成。艉轴承分为水润滑和油润滑两大类型。

对于水润滑艉轴承，仅设首密封装置，以阻止舷外水漏入机舱。其形式为填料型密封。其首密封采用封闭的油脂润滑，利用填料压盖及压盖衬套的压紧力使填料函与艉轴紧密接触达到封水目的。

填料函式密封装置结构简单、效果好、不污染海域、制造维修方便（在航行中也能更换首部密封填料）。缺点是为保证密封性，必须拧紧螺母以增加压盖压力。这样会使轴功率损失增大，并使艉轴或套管磨损加快。因此，航行中要稍放松压盖，允许少量的水漏入机舱。填料函压盖衬套和套管常用青铜或黄铜合金制成，而填料常用渗油脂的麻索或石棉材料。

油润滑的艉轴承必须在首、尾都设密封装置。尤其是尾部密封装置，一旦发生漏泄，不仅滑油损失，且污染海域，要修理必须进坞。因此，在设计、制造和安装方面要求都很高。

中、小型船上用的润滑系统比较简单，其艉轴管、艉轴承采用自然润滑法，即由一个重力油柜、一台手摇泵和进、回油管组成。也称重力式自然循环润滑系统。艉轴密封偶件采用封闭式润滑。

水润滑艉轴管（如橡胶艉轴承艉轴管）润滑剂和冷却剂是水。由于艉轴管位于水面之下，且不设尾密封，利用自由流入轴承间隙和轴承里的舷外水或加装管系送来的压力水进行润滑。

五、螺旋桨与艉轴的配合形式及管理要点

1. 螺旋桨与艉轴的配合形式

螺旋桨与艉轴的配合形式有键、无键和法兰连接三种。螺旋桨安装必须符合规范。对于键连接螺旋桨，通常桨毂锥孔和艉轴锥体需经研磨并采用紧配合、键连接、螺母锁紧，靠摩擦面间的摩擦力传递扭矩和承受力。为此，要求毂锥孔和艉轴锥体配合要精确、均匀，船舶检验标准规定，接触的有效面积不得少于 75%，且每 25 mm×25 mm 面积内接触点不少于 2 个点。键的两侧面要紧贴在艉轴和桨毂的键槽内。

2. 管理要点

① 要确保艉轴管冷却海水的供应。

② 对于水润滑艉轴管，要让少量水漏入舱内，以冷却艉轴和填料函。

③ 对于巴氏合金艉轴管，要确保其滑油系统正常工作。

④ 运转中要注意观察轴的跳动情况，各轴承是否有异常的振动，个别部位是否发热甚至颜色变蓝（该处为扭转振动的节点）。

⑤ 在空载航行时要尽量压载，使螺旋桨埋入水中一定深度，这样可减轻桨叶的空泡腐蚀，特别是在风浪天航行更应注意避免飞车现象。

⑥ 对轴系要定期检查。在把艉轴抽出时，若发现轴表面有细痕，可用油石磨去。安装时要注意不要让污物落入艉轴管及油封内。

⑦ 对备件要妥善保管，轴表面要涂油脂。

⑧ 螺旋桨和轴系在进行修理工作前，重大问题的处理要由渔船检验机构认可。

第二节　船用齿轮箱与连轴器

一、齿轮箱

（一）齿轮箱的主要功能

（1）换向　即倒、顺车；并联两套离合器布置，液压操纵换向。

（2）减速　减速比：大齿轮齿数/小齿轮齿数。

（3）离合　多片湿式摩擦离合器，接排柔和，减小换向冲击。

（4）承受螺旋桨推力　承受螺旋桨倒顺产生的推、拉力。

（二）齿轮箱的种类

齿轮箱在渔船上使用主要有减速齿轮箱和离合倒顺车减速齿轮箱两种类型。

1. 减速齿轮箱

减速齿轮箱多用于主机为中速机的场合，主要作用是减速。可分为单级减速齿轮箱、两级或多级减速齿轮箱、行星齿轮减速箱。

2. 离合倒顺车减速齿轮箱

离合倒顺车减速齿轮箱可实现正倒车、离合减速等操作，多用于高速柴油机推进装置。

（三）齿轮箱实例介绍

就中小型渔船最常用的 WHG-300 船用齿轮箱作如下介绍：

1. 技术参数

（1）齿轮传动形式　圆柱斜齿轮三轴五齿轮传动。

（2）离合器形式　液压操纵湿式多片摩擦离合器。

（3）输入联轴节形式　橡胶齿形块弹性联轴节。

（4）中心距　264 mm。

（5）配套主机额定转速　750～2 500 r/min。

（6）输入轴转向　Z300 为左转（逆时针），Y300 为右转（顺时针）。

（7）顺车时输出轴转向　与输入轴相反。

（8）额定螺旋桨推力　50 000 N。

（9）换向时间　≤10 s。

（10）初始油压　0.3～0.6 MPa。

（11）工作油压　1.1～13 MPa。

（12）机油容量　20 kg。

（13）最高油温　$\leqslant 80\ ℃$。

（14）可工作倾斜度　纵倾 $10°$；横倾 $15°$。

（15）净重　700 kg。

2. WHG-300 型船用齿轮箱传动系统及液压系统

（1）传动系统　WHG-300 型船用齿轮箱为三轴五齿传动、一级减速、倒顺两套离合器并联布置（图 3-2）。

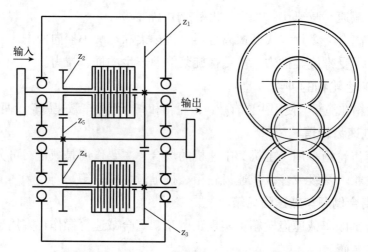

图 3-2　WHG-300 型船用液压齿轮箱工作原理

z_1，z_2，z_3，z_4，z_5 为传动齿轮

（2）液压系统　WHG-300 型船用齿轮箱为液压操纵，其液压系统原理见图 3-3。

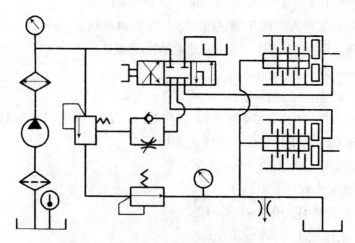

图 3-3　WHG-300 型船用液压齿轮箱液压系统

（3）应急装置使用　为进一步提高齿轮箱在海上作业的安全可靠程度，该齿轮箱上设有应急装置，使用情况见图3-4。

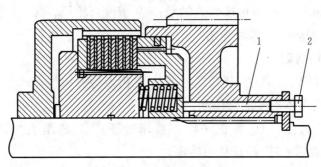

图 3-4　应急装置的使用

1. 应急销　2. 螺钉

在输入轴部件中，传动齿轮上 3 只 M10 螺纹底孔打通。船舶在航行中一旦液压系统发生一时不可修复的重大故障，可拆下箱体后端盖，间隔拧出输入轴传动齿轮上的 3 只 M10 螺钉，嵌入 3 根 $\Phi 8 \times 75$ mm 的应急销（随机备件），再将 3 只螺钉拧入齿轮螺孔，依次拧紧。这样，靠 3 只螺钉的机械力，通过 3 根应急销推动活塞压紧内外摩擦片，使顺车离合器集合。装上箱体后端盖后，船舶可以继续作短时间航行。

在使用应急装置时，齿轮箱操纵手柄必须放在"停"位，加高齿轮箱油面至油标尺上刻线以上 50 mm，在不超过主机额定转速 80%工况下航行。

（四）维护、保养和检修

新齿轮箱首次运转 30 h 后应清洗滤清器，更换清洁的机油。为使齿轮箱正常工作，应按如下规定及时进行维修保养。

1. 每个工作日保养项目

① 检查齿轮箱油面高度；② 清洁齿轮箱外部；③ 检查油水渗漏；④ 检查有无不正常杂音。

2. 每 1 000 h 保养项目

① 清洗滤清器滤芯；② 清洗液压控制部件；③ 检查进油部位封油环；④ 检查输入联轴节安装精度及齿形橡胶块；⑤ 检查输出联轴节安装精度及连接螺钉；⑥ 卸去侧盖板，盘车检查齿轮和离合器。

3. 每 5 000 h 保养项目

① 检查、更换机油；② 检查油泵；③ 检查并清洗冷却器；④ 拆检输

入轴骨架式橡胶油封；⑤ 检查摩擦片、推力环及各密封圈。

4. 每 10 000 h 保养项目

① 分解箱体、检查更换各处轴承；② 清洗齿轮箱各部及油道。

（五）一般故障及排除方法

1. 齿轮箱振动

（1）主要原因　① 安装精度过低；② 齿形橡胶块损坏；③ 输入、输出联轴节螺钉或箱体支架螺钉松动；④ 共振。

（2）排除方法　① 根据说明书要求校正；② 成组更换齿形橡胶块；③ 拧紧各处螺钉；④ 避开共振转速。

2. 油泵不上油或油压太低、不稳

（1）主要原因　① 油泵损坏；② 油面太低或吸油口密封圈损坏；③ 进油部位封油环损坏；④ 油压表损坏。

（2）排除方法　① 修复或更换油泵；② 添加机油或更换密封圈；③ 更换密封环；④ 更换油压表。

3. 接排后工作压力不能上升到规定值

（1）主要原因　① 液压控制部件中延时节流小孔堵塞；② 液压部件中活塞卡滞不动。

（2）排除方法　① 疏通节流孔；② 清洗、修复操纵阀。

4. 离合器滑排

（1）主要原因　① 油压过低或接排后工作压力不上升；② 摩擦片过于磨损，平直度超过范围；③ 油路阻塞，或封油环损坏。

（2）排除方法　① 按"2. 油泵不上油或油压太低、不稳""3. 接排后工作压力不能上升到规定值"排除方法处理；② 更换摩擦片；③ 检查油路，更换封油环。

5. 带排扭矩过大

（1）主要原因　① 摩擦片严重翘曲；② 机油使用不当。

（2）排除方法　① 更换摩擦片；② 按技术规格选用机油。

6. 油温过高

（1）主要原因　① 冷却器堵塞或冷却水流量不够；② 摩擦片滑排发热；③ 轴承、封油圈、封油环等转动部分损坏发热；④ 润滑油压太高；⑤ 机油老化。

（2）排除方法　① 清洗冷却器、加大冷却水流量；② 更换摩擦片；

③ 拆检、更换相应零件；④ 适当降低润滑油压；（5）更换机油。

7. 油水渗漏

（1）主要原因　① 密封件损坏；② 密封面损坏或夹有杂物；③ 结合面螺钉松动。

（2）排除方法　① 更换密封件；② 修复密封面；③ 拧紧螺钉。

二、连轴器

渔船上常见的联轴器有刚性联轴器和弹性联轴器两种。其作用是将各轴段连接成为整体。

1. 刚性联轴器

刚性联轴器主要用于中间轴之间、中间轴与推力轴之间以及中间轴和艉轴之间的连接。船上使用最多的是固定法兰式刚性联轴器，其主要优点是结构简单、制造成本低、管理方便等；主要缺点是不能消除冲击、不能消除超过允许使用偏差所产生的不良后果并且安装要求高。

2. 弹性联轴器

若主动轴与从动轴之间设有弹性元件（橡胶或弹簧），使其在扭转方向上具有弹性作用，这种联轴器称为弹性联轴器。其主要作用是使柴油机在使用范围内避免共振；改善齿轮箱的工作条件；补偿轴系的误差；隔振等。

第三节　螺　旋　桨

一、定距螺旋桨的结构

螺旋桨是一种反作用式推进器。当螺旋桨转动时，桨推水向后（或向前），并受到水的反作用力而产生向前（或向后）的推力，使船舶前进（或后退）。螺旋桨由桨叶和桨毂构成。桨叶通常为3～5片，最多为6片，各片之间按等距布置。

桨叶靠近桨毂的部分称叶根，最外端称叶梢；从船艉向船艏看，看到的叶面为压力面（推力面），桨叶的另一面为吸力面（吸水面）。按正车方向旋转时，桨叶先入水的一边为导边，后入水的一边为随边。螺旋桨旋转时叶梢顶尖画出的圆称叶梢圆，其直径为螺旋桨直径（用 D 表示）。从船尾向船首看，螺旋桨在正车时沿顺时针方向旋转者称右旋桨，沿逆时针方向旋转者称左旋桨。

二、定距螺旋桨的几何参数

1. 螺距（H）

螺距系指压力面的螺距，径向变螺距螺旋桨的螺距，通常自叶根向叶梢逐渐增加，一般以 $0.7R$ 或 $2/3R$（R 为螺旋桨半径）处的螺距代表螺旋桨的螺距，此值约等于螺旋桨的平均螺距。

2. 螺距比（H/D）

螺距比是螺旋桨主要的结构参数之一，直接影响螺旋桨的性能。

3. 盘面比（A/A_d）

所有桨叶展开面积总和 A 与盘面积 A_d 之比，是螺旋桨的另一个重要的结构参数。盘面比大，说明桨叶肥大，推水的总面积大。

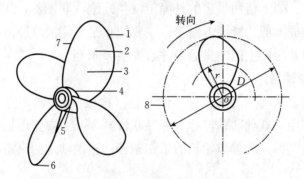

图 3-5　螺旋桨的结构

1.导边　2.叶背　3.叶面　4.叶根　5.桨毂　6.叶梢　7.随边　8.梢圆

第二篇
渔船辅机

第四章 船 用 泵

第一节 泵的用途、分类及性能参数

一、泵的用途

泵是渔船上用来输送海水、淡水、污水、滑油和燃油等各种液体的机械。

二、泵的分类

根据工作原理的不同，泵的种类可分为容积式泵、叶片式泵和喷射泵三类。

1. 容积式泵

容积式泵是通过运动部件的位移（例如活塞的往复运动或转子的回转运动），使泵的工作容积发生变化，将原动机的机械能传递给液体，达到输送液体的目的。这一类泵有往复泵和回转泵（齿轮泵、叶片泵）。

2. 叶片式泵

叶片式泵是通过带有叶片的工作叶轮的转动，将机械能传递给液体，达到输送液体的目的。这一类泵有离心泵、旋涡泵等。

3. 喷射泵

喷射泵是通过工作流体在喷管中产生高速射流来吸带周围的液体，将动能传递给被输送的液体，达到输送目的。

三、泵的性能参数

表明泵的工作性能的物理量如流量、压头、功率、效率及转速，称为泵的性能参数。

1. 流量

流量又称排量，指泵在单位时间内所能输送的液体量。

泵铭牌上所标的排量指它在额定工况下的排量。

2. 压头

压头指每千克质量的液体经过泵所获得的能量。

压头的单位为所抽送液体的液柱高度（米液柱）。1 m 的压头意味着泵使 1 kg 质量的液体克服重力上升 1 m 的高度，所以压头也可以理解为泵能输送液体的几何高度，故又称为扬程。

3. 功率

泵的功率有输出和输入功率。

泵的输出功率也称为有效功率，是指单位时间内传递给液体的能量。泵的输入功率也称为轴功率。

4. 效率

效率为有效功率与轴功率之比值。

5. 转速

转速指泵轴每分钟的回转数，用 n 来表示（r/min）。

第二节　往复泵、齿轮泵、离心泵

一、往复泵

1. 往复泵的性能特点

往复泵属容积式泵，其对液体做功的主要部件是做往复运动的活塞或柱塞，亦可分别称为活塞泵或柱塞泵。

往复泵泵轴每一转理论上排送液体的体积相当于泵缸（有杆端和无杆端）平均工作容积的倍数，称为泵的作用数。单缸柱塞泵柱塞仅一侧工作，是单作用泵；单缸活塞泵活塞双侧工作，是双作用泵。图 4-1 为单缸双作用泵的工作原理。

往复泵作为一种运动部件作往复运动的容积式泵，有以下特点：

① 有自吸能力。

② 理论流量与工作压力无关，只取决于转速 n（r/min）、泵缸尺寸（缸径 D、活塞杆直径 d、活塞行程 S）和作用数 K。

③ 额定排出压力与泵的尺寸和转速无关。

④ 流量不均匀。

⑤ 转速不宜太快。

⑥ 对液体污染度不很敏感。

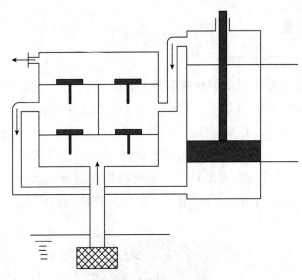

图 4-1　单缸双作用泵的工作原理

⑦ 结构较复杂，易损件（活塞环、泵阀、填料和轴承筹）较多。

2. 往复泵的常见故障及排除（表 4-1）

表 4-1　往复泵的常见故障及排除

序号	故　障	原　　因	排 除 方 法
1	启动后不出水或排量不足	① 水柜无水 ② 吸入或排出截止阀未开或开不足 ③ 吸入管漏气 ④ 吸入滤器或底阀堵塞 ⑤ 胶木活塞环干缩 ⑥ 活塞环、缸套或填料磨损过多 ⑦ 安全阀弹簧太松 ⑧ 阀泄漏、损坏或搁起 ⑨ 吸高太大 ⑩ 吸入管道或缸中产生汽蚀现象 ⑪ 原动机转速太低或太高	① 补充水 ② 全开 ③ 查明漏处堵漏 ④ 清洗滤器或清除堵物 ⑤ 引水浸泡 ⑥ 换新或修复 ⑦ 更换弹簧 ⑧ 修阀或清除阀下杂物 ⑨ 降低泵的安装高度 ⑩ 减小管道或缸的流阻 ⑪ 调整原动机转速
2	缸内有异响	① 活塞松动 ② 缸内有异物 ③ 填料过紧（摩擦声） ④ 活塞环断裂 ⑤ 传动件间隙太大 ⑥ 活塞环天地间隙太大 ⑦ 活塞杆的固定螺母松动 ⑧ 某个轴承中有松动 ⑨ 吸高太大，吸入管太长，转速太高	① 上紧固定活塞的螺母 ② 取出 ③ 重新调节 ④ 更新活塞环 ⑤ 予以调整 ⑥ 更换活塞环 ⑦ 上紧固定螺母 ⑧ 检修轴承 ⑨ 降低吸高、转速，缩短管长

二、齿轮泵

1. 齿轮泵的工作原理

（1）**齿轮泵**　是常见的回转式容积泵。按齿轮啮合方式可分为外啮合式和内啮合式。齿轮泵的齿形有直齿轮、斜齿轮和人字齿轮。

图 4-2 为外啮合齿轮泵的工作原理。相啮合的轮齿 A、B 使与吸口 1 相通的吸入腔和与排口 4 相通的排出腔彼此隔离。当齿轮按图示方向回转时，轮齿 C 逐渐退出其所占据的齿间，该齿间的容积逐渐增大，该处形成低压，于是液体在吸入液面上的压力作用下，经吸入管从吸口吸入。

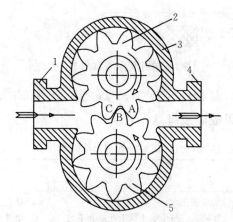

图 4-2　外啮合齿轮泵的工作原理

1. 吸口　2. 主动齿轮　3. 泵体　4. 排口　5. 从动齿轮

A，B，C 为轮齿编号

随着齿轮的回转，一个个吸满液体的齿间转过吸入腔，沿泵体 3 内壁转到排出腔，依次重新进入啮合，齿间的液体即被轮齿挤出，从排口排出。由于齿轮始终啮合，而前、后端盖与齿轮端面以及泵体内壁与齿顶的间隙都很小，故排出腔中压力较高的液体不会大量漏回吸入腔。普通齿轮泵如果反转，其吸排方向即相反。

齿轮泵主要的内漏泄途径是齿轮端面与前、后盖板（有的采用轴套）间的轴向间隙，漏泄量占总漏泄量的 80% 左右；其次是齿顶和泵体内侧的径向间隙，漏泄量占 10%～15%。

（2）**困油现象**　外啮合齿轮泵为了运转平稳，工作时总是前一对啮合齿尚未脱离啮合，后一对齿便已进入啮合。于是，在部分时间内相邻两对齿会同时处于啮合状态，它们与端盖间形成一个封闭空间（V_a，V_b），其容积随齿轮的转动而改变，会产生困油现象（图4-3）。

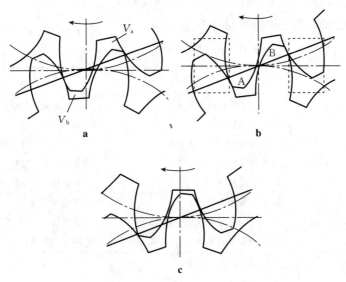

图4-3　齿轮泵困油现象示意图

A，B为轮齿编号

困油现象常发生在外啮合式直齿轮泵上，常采用开卸荷槽的办法来消除困油现象，即在与齿轮端面接触的固定部件内侧加工出两个卸荷槽，如图4-3b的虚线所示。

2. 齿轮泵的管理

① 检修时应注意电动机的接线不要接错，否则会反转而使普通齿轮泵吸排方向弄反。齿轮泵除专门设计成可逆转的外，一般不允许反转。

② 齿轮泵虽有自吸能力，但启动前摩擦部件的表面一定要有油，否则短时间的高速回转也会造成严重磨损。

③ 不宜超出额定排出压力工作，否则会使原动机过载，轴承负荷过重，并使工作部件变形，磨损和漏泄增加，严重时甚至造成卡阻。

④ 要防止吸入压力过低和吸入空气。当吸入真空度增加时，油中气体的析出量增加，容积效率会降低。若吸入真空度大于允许吸上真空度，会产生"气穴现象"。

工作中还要防止吸入空气。吸入空气不但会使流量减少，而且是产生噪声的主要原因。

⑤ 所送油应保持合适的温度和黏度。

⑥ 应保持适当的密封间隙。齿轮泵漏泄量与密封间隙的立方成正比。端面间隙对齿轮泵的自吸能力和容积效率影响最大。

3. 齿轮泵的常见故障及排除方法（表 4-2）

表 4-2　齿轮泵的常见故障及排除方法

序号	故　障	原　因	排 除 方 法
1	不能排油或排量不足	① 泵不能回转或转速太低 ② 电动机转向弄反 ③ 吸入管或吸入滤器堵塞 ④ 吸油管口露出液面 ⑤ 吸油管漏气 ⑥ 吸、排阀未开 ⑦ 内部间隙过大或安全阀漏泄 ⑧ 启动前泵内无油	① 检查电源，拆检油泵 ② 重新接线 ③ 检查管路，清洗滤器 ④ 加油到油标尺基准线 ⑤ 检查管子，消除漏气 ⑥ 开足吸、排阀 ⑦ 拆泵检查 ⑧ 向泵内灌油
2	泵磨损太快	① 油液含磨料性杂质 ② 长期空转 ③ 排出压力过高 ④ 泵装配失误、中心线不正	① 加强过滤或更换油液 ② 防止空转 ③ 设法降低排出压力 ④ 检修校正
3	工作噪声太大	① 吸入滤器堵塞 ② 吸入滤器容量太小 ③ 吸油管太细或堵塞 ④ 漏入空气 ⑤ 油箱内有气泡 ⑥ 油位太低 ⑦ 泵产生机械摩擦	① 清洗滤器 ② 换用大容量的滤器 ③ 检查或更换管路，把吸入压力提高到允许范围内 ④ 检查管路，消除漏气 ⑤ 检查回油管，防止发生气泡 ⑥ 加油到油标线 ⑦ 拆检泵轴、齿轮、啮合面和轴承

三、离心泵

1. 离心泵的工作原理

离心泵的基本工作原理可用图 4-4 所示单级蜗壳式离心泵来说明。其主要工作部件是泵壳 2 和叶轮 7。螺线形的泵壳亦称蜗壳，包括蜗室 8 和扩压管 5。叶轮通常由 5～7 个弧形叶片 6 和前、后圆形盖板构成，用键和螺帽 4 固定在泵轴 3 的一端。轴的另一端穿过填料函伸出泵壳，由原动机驱动右旋回转。螺帽 4 通常采用左旋螺纹，以防反复启动因惯性而松动。

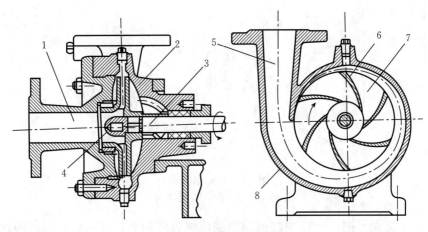

图 4-4　单级蜗壳式离心泵

1. 吸入接管　2. 泵壳　3. 泵轴　4. 定螺帽　5. 扩压管　6. 叶片　7. 叶轮　8. 蜗室

离心泵工作时，预先充满在泵中的液体受叶片的推压，随叶轮一起回转，产生离心力，从叶轮中心向四周甩出，于是在叶轮中心处形成低压，液体便在吸入液面气体压力的作用下，由吸入接管 1 被吸进叶轮。从叶轮流出的液体，压力和速度都比进入叶轮时增大了许多，由蜗壳的蜗室部分将它们汇聚，平稳地导向扩压管。扩压管流道截面逐渐增大，液体流速降低，大部分动能变为压力能，然后进入排出管。叶轮不停地回转，液体的吸排便连续地进行。

2. 离心泵的性能特点

（1）优点　① 流量连续均匀且便于调节，工作平稳，适用流量范围很大，一般是 $5 \sim 20\,000 \ \mathrm{m^3/h}$。② 转速高，可与高速原动机直连；结构简单紧凑，尺寸和重量比同流量的往复泵小得多，造价也低许多。③ 对杂质不敏感，易损件少（除所有泵都有的轴封和轴承外，仅有阻漏环），管理和维修较方便。

（2）缺点　① 本身无自吸能力。② 流量随工作扬程而变。一般工作扬程升高则流量减小；当工作扬程达到关闭扬程时，泵即空转而不排液。③ 所能产生的扬程由叶轮外径和转速决定，不适合小流量、高扬程，因为这将要求叶轮流道窄长，以致制造困难，效率太低。离心泵产生的最大排压有限，故不必设安全阀。

3. 离心泵的结构

（1）叶轮　是把来自原动机的机械能传给被输送液体的部件。叶轮的结构形状对离心泵的工作性能有决定性的影响。

叶轮的结构形式，除有单吸、双吸式外，还有闭式、半开式和开式之分

（图 4-5）。

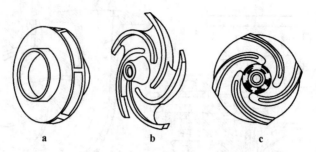

图 4-5　离心泵叶轮

a. 闭式　b. 半开式　c. 开式

（2）泵壳　把自叶轮中高速流出的液体收集起来，并有效地减小液体的流速，把液体的部分动压头转化为静压头，然后导入次级叶轮或排出口。也就是说，泵壳具有收集液体和转换能量两种作用。离心泵的泵壳结构形式主要有螺壳式。

（3）轴封装置　在离心泵中常用填料密封式轴封和机械密封式轴封。

填料密封式轴封的结构见图 4-6，主要由填料套 1、填料 2、压盖 3、水封环 6 等组成。

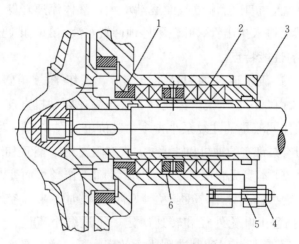

图 4-6　填料密封式轴封

1. 填料套　2. 填料　3. 压盖　4. 螺母　5. 螺栓　6. 水封环

机械密封式轴封结构见图 4-7，主要由随轴转动的传动座 2、弹簧 3、动环 6、动环密封圈 5，以及固定在泵壳上的静环 7、静环密封圈 8 等组成。机械密封主要借助动环与静环的精密配合和密封圈紧箍于轴上而实现密封。动环随轴旋转，在弹簧的推压下紧密地压在静环上，从而形成良好的动密封。

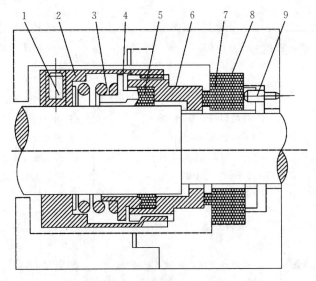

图4-7　机械密封式轴封

1. 传动螺钉　2. 传动座　3. 弹簧　4. 推环　5. 动环密封圈
6. 动环　7. 静环　8. 静环密封圈　9. 防转销

4. 离心泵的常见故障和排除方法（表4-3）

表4-3　离心泵的常见故障和排除方法

序号	故　　障	原　　因	排除方法
1	泵启动后不出水	（1）泵所产生的真空度太小，不足以吸上液体 ①引水装置失灵，或忘了引水或底阀泄漏 ②吸入端（吸入管、泵壳、轴封）漏气 ③吸入管露出液面 （2）泵的吸入真空度已大于允许吸上真空高度 ①吸高太大 ②吸入管流阻太大 ③吸入阀未打开，底阀锈死 ④吸液温度过高 （3）泵的封闭压头接近或小于管路静压头 ①叶轮松脱、淤塞或严重损坏 ②泵转速太低 ③泵转向不对或叶轮装反 ④管路静压太大或排出阀未开	①检查引水装置和底阀，重新引水 ②消除 ③加接吸入管 ①降低吸高 ②清洗过滤器 ③打开吸入阀，修理底阀 ④降低水温 ①检修叶轮或更换叶轮 ②增加转速 ③纠正转向和装正叶轮 ④打开排出阀

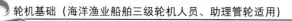

（续）

序号	故　障	原　　因	排 除 方 法
2	排量不足	① 转速不够 ② 阻漏环磨损 ③ 叶轮损伤或部分淤塞 ④ 吸入管或轴封漏气 ⑤ 吸入液面太低，以致吸入了气体 ⑥ 发生了"汽蚀"现象 ⑦ 吸入阀未开足	① 增大转速 ② 修理或换新阻漏环 ③ 清洗或换新叶轮 ④ 消除 ⑤ 提高吸入液面 ⑥ 降低吸高、流阻、水温、转速等 ⑦ 开足吸入阀
3	填料密封和机械密封装置泄漏过多	① 填料松散，或密封装置磨损、失效 ② 填料或密封处泵轴（或轴套）产生裂痕 ③ 轴弯曲或轴线不正	① 调整、修理或换新 ② 修理或换新 ③ 校直或更换泵轴，校正轴线
4	泵工作时伴有噪声和振动	① 地脚螺栓松动 ② 联轴器对中不良，轴线不正 ③ 轴承磨损，叶轮下沉触及泵壳 ④ 叶轮损坏，局部阻塞或本身平衡性差 ⑤ 泵轴弯曲 ⑥ 泵内有杂物 ⑦ 发生汽蚀	① 上紧地脚螺栓 ② 校正轴线 ③ 换新轴承 ④ 换新叶轮 ⑤ 校直泵轴 ⑥ 清除杂物 ⑦ 查明原因，予以清除
5	轴承发热	① 润滑油量不足 ② 轴承装配不正确或间隙不适当 ③ 泵轴弯曲或轴线不正 ④ 轴向推力太大，由摩擦引起发热 ⑤ 轴承损坏	① 加油 ② 调整、修正 ③ 校正轴线，校直泵轴 ④ 注意平衡装置的情况 ⑤ 更换

第五章　活塞式空气压缩机

第一节　活塞式空气压缩机的结构

一、活塞式空气压缩机的典型结构和主要部件

空气压缩机是用来压缩空气并使之具有较高压力的机械。在渔船上压缩空气主要用于主柴油机的启动、换向和发电柴油机的启动；同时也为需要压缩空气的辅助机械设备（如压力水柜等）供气；或在检修工作中用来吹洗零部件、滤器等。

空压机种类很多。按气缸布置形式，分为立式、卧式、V形；按压力级数，分为单级、双级、多级；按空气压力不同，分为低压（0.2～1.0 MPa）、中压（1.0～10 MPa）、高压（10～100 MPa）。目前，渔船上普遍使用的是立式、中压、单级或双级压缩的活塞式空压机。

1. 典型结构

以渔船上普遍使用的 0.34/30B 型空压机（图 5-1）为例，双缸，二级压缩，风冷式电动空压机，采用甩油环飞溅润滑，转速为 600 r/min，排量为 0.34 m³/min，额定工作压力为 2.942 MPa，轴功率为 3.679 kW。

皮带轮 1 兼作飞轮和风扇。左右主轴承旁边各有一个甩油环 11，靠近甩油环的左右曲柄臂上各有一个储油圈 13。空压机运转时，各摩擦面靠甩油环击溅润滑油所形成的油雾润滑。一级和二级气缸各有一个吸气阀和排气阀。空压机只有中间冷却器，没有压后冷却器。中间冷却器由 3 根 V 形管组成，在管子的外表面有很多均匀分布的鳍片。

一级气缸排气阀的上部有一个手动释载阀（图 5-1 中未画出），若自动启动释载装置损坏时，则提起该阀上的钢圈，并转动 90°，即可降低空压机的启动负荷。空压机启动后，再提钢圈，反转 90°，释载阀复原，空压机即开始正常工作。

在二级排出管路上还装有一个安全阀 3，其开启压力为 3.04 MPa。

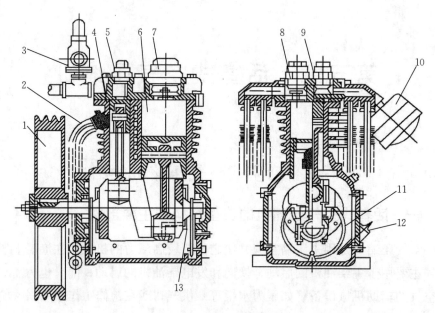

图 5-1　0.34/30B 型空压机

1. 飞轮　2. 中间冷却器　3. 二级安全阀　4. 二级气缸　5. 二级排气阀　6. 一级气缸　7. 一级吸气阀
8. 一级排气阀　9. 二级吸气阀　10. 空气滤清器　11. 甩油环　12. 油尺　13. 储油圈

2. 主要部件

(1) 气阀　是压缩机重要而易损坏的部件，直接影响压缩机的经济性和可靠性。气阀的工作寿命决定压缩机的检修周期。而气阀阀片的升程对压缩机的经济性及寿命有重要的影响。船用空压机常用气阀主要有环片阀、网状阀和碟形阀。

(2) 安全阀　为防止空压机超压发生机损事故，一般空压机各级均设置安全阀。当空压机排气压力超过调定值，阀盘升起，高压空气排向大气，空压机排压降至低于调定值时，阀盘关闭，空压机恢复向气瓶供气。阀开启压力值出厂时已调好，不可随意更改。一般规定，低压级安全阀开启压力比额定压力高 15%，高压级安全阀开启压力比额定压力高 10%。

(3) 气液分离器　压缩空气带有少量油滴，冷却后往往会析出水分，因此需设气液分离器去除，以提高充入气瓶的压缩空气质量。

二、活塞式空气压缩机的润滑和冷却

1. 润滑

空压机的润滑目的在于减小相对运动部件的摩擦，带走部分摩擦热，增加气缸壁和活塞环间的气密性。主要润滑部位包括主轴承，连杆大、小端轴承及活塞与气缸壁之间。

小型空压机采用飞溅润滑，利用装于连杆大端下部轴瓦上的油勺，击溅起曲轴箱中的滑油，可润滑主轴承和气缸下部工作面，而部分油沿油勺小孔和连杆大、小端的导油孔，可去润滑连杆大、小端轴承。曲轴在下止点时，油勺应浸入油中 20～30 mm，离箱底 2～3 mm。曲轴箱油位应控制在油标尺两刻线间。油位过低，溅油量不足；油位过高，则溅油量过大，耗油、耗功多。过多的滑油窜入气缸会产生结焦，使气阀、涨圈失灵，排气携油过多还会使气道中积炭过多。

2. 冷却

冷却对空压机十分重要。小型船用空压机多数采用风冷。

第二节 活塞式空气压缩机的管理

一、活塞式空气压缩机的运行

1. 启动

① 一般性检查。仪表和装置是否正常、牢靠，手动盘车 1～2 转，有无卡阻。

② 检查曲轴箱油位。油位应保持在油尺的规定刻度内。采用油勺飞溅润滑时，以曲轴下止点油勺浸入油中 20～30 mm 为宜，油勺应离底 2～3 mm。

③ 全开通往贮气瓶管路上的截止阀。

④ 非自动控制的压缩机，应开启手动卸载阀或气液分离器底部的泄放阀，以减轻空压机的启动负荷。

⑤ 启动压缩机。注意观察启动电流和听声音，如负荷过大或声音异常应立即停车检查。

⑥ 一切正常后，非自动控制压缩机应手动停止卸载工作。

2. 运行中管理

① 注意查看曲轴箱内滑油的油位和油温。

② 风冷空压机要防止风扇叶轮装反。

③ 定时泄水。工作中每隔 2 h 左右打开一次级间冷却器后面的和气液分离器的泄放阀。

此外，还应定时巡查空压机各处是否有气、水、油的漏泄，各气阀盖处温度是否有异常，以及是否有异常噪声等。

3. 停车

① 停车时，非自动控制压缩机应先手动卸载。

② 切断电源，停电动机。

二、活塞式空气压缩机的维护

1. 气阀的维护

(1) 气阀漏泄的征兆　① 该阀的温度异常升高，阀盖比通常烫手。② 级间气压偏高（后级气阀漏）或偏低（前级气阀漏）。③ 排气量降低。④ 该缸的排气温度升高。

(2) 检修气阀时的注意事项　① 组装好的气阀用煤油试漏，允许有滴漏，但每分钟滴漏不得超过 20 滴。不合格者应研磨或换新。② 吸排阀弹簧不能换错或漏装。③ 检查阀片升程，应符合说明书要求。④ 紫铜垫圈在安装前应加热退火。

2. 润滑油的选择和更换

空压机润滑油必须选用专用的压缩机油。在缺乏压缩机油时，也可用柴油机油或饱和气缸油，后者黏度稍高些。应定期检查曲轴箱内滑油，当发现脏污变质时应予以全部更换。

3. 运动部件间隙维护

要注意运动部件各个配合间隙，要定期测量如活塞环间隙、主轴承和连杆轴承间隙、活塞与缸壁间隙，以及气缸余隙等；还要测量气缸、活塞销、曲柄销和曲轴轴颈的圆度、圆柱度和磨损情况。当超过允许的极限值时，应修理或换新。

三、活塞式空气压缩机的常见故障与排除方法

活塞式空气压缩机的常见故障及排除方法见表 5-1 和表 5-2。

表 5-1　排气量降低

序号	故障现象	故障原因	排除方法
1	空气滤清器的故障	① 空气滤清器因部分被污垢堵塞，阻力增大，降低了进气压力，进入气缸的空气比容增大，影响排气量	① 吹扫和清洗滤清器

（续）

序号	故障现象	故障原因	排除方法
2	气阀的故障	① 阀片变形或阀片与阀座磨损，或阀片和阀座接触面有污物，造成阀关闭不严而漏气 ② 阀座与阀孔结合面不严密或忘记垫垫片而造成漏气 ③ 气阀的弹簧刚性不当，过强则气阀开启迟缓；过弱则关闭不及时，均会影响排气量 ④ 气阀的通道被炭渣部分堵塞	① 清除污物，研磨阀片和阀座或更换阀片 ② 研磨阀座与阀孔的接触面或把垫片垫上 ③ 更换弹力适当的弹簧 ④ 清除
3	气缸和活塞的故障	① 气缸或活塞、活塞环磨损，间隙过大，漏气严重 ② 气缸盖与气缸体贴合不严，造成漏气 ③ 气缸冷却不良，新鲜空气进入时，形成预热，空气比容增大，影响排量 ④ 活塞环因装配间隙过小或润滑不良而咬死或折断，这不但影响排气量，还可能引起压力在各级中重新分配 ⑤ 活塞环的搭口转到一条线上去了，漏气严重 ⑥ 传动皮带过松、皮带打滑，空压机达不到额定转速 ⑦ 余隙容积过大	① 更换缸套或活塞、活塞环 ② 刮研接合面或更换垫床 ③ 改善冷却条件 ④ 拆出活塞清洗活塞环和环槽，调整装配间隙，消除润滑不良的因素 ⑤ 拆下活塞，使搭口错开（一般错开 $120°$） ⑥ 调整皮带的松紧度 ⑦ 检查并调整余隙容积

表 5-2　排气压力和温度不正常及其他故障

序号	故障	原因	排除方法
1	高压级排出压力高于额定值	① 安全阀失灵	① 检查安全阀
2	低压级排出压力偏高	① 高压缸的进气阀或排气阀漏气，或中间冷却器冷却效果差	① 研磨气阀或更换阀片，或改善中冷器的冷却条件

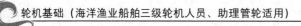

（续）

序号	故　障	原　　因	排 除 方 法
3	低压排出压力偏低	① 低压缸的进气阀或排气阀漏气	① 研磨气阀或更换阀片
4	高压排气温度过高	① 高压缸的排气阀漏气	① 研磨或更换阀片
5	低压缸的排气温度过高	① 低压缸的排气阀漏气	① 研磨或更换阀片
6	滑油消耗量过大，储气瓶中有过量的润滑油	① 曲轴箱的油面过高 ② 活塞环磨损，咬死，折断或搭口转到一边去了	① 放去多余的油 ② 更换活塞环或错开活塞环的搭口

第六章 液压传动的基础知识

第一节 液压元件

液压传动主要由动力部分（油泵）、执行部分（油缸、油马达）、控制调节部分（液压控制阀）和辅助部分（滤器、油箱等）四大部分组成。

一、液压控制阀

液压系统中使用的液压控制阀，按其用途的不同可分为以下三类。

1. 方向控制阀

用于控制系统中的油流方向，包括换向阀、单向阀等。

(1) **普通单向阀**　单向阀的功用是使油只能单向流过，职能符号见图6-1。

(2) **换向阀**　换向阀的功用是利用阀芯相对阀体的位移来改变阀内油路的沟通情况。换向阀的控制方式有手动、机械、电磁等多种；按阀芯工作位置和控制油路数目来分，则有二位、三位和二通、三通、四通等。三位四通电磁换向阀的职能符号见图6-2。

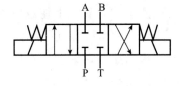

图6-1　普通单向阀职能符号　　　图6-2　三位四通电磁换向阀（O型）职能符号

2. 压力控制阀

用于控制系统中的油压，包括溢流阀、减压阀等；小型渔船液压系统使用溢流阀较多，并作为安全阀使用为主。

溢流阀的作用是在系统油压超过调定值时泄放油液。它在系统中的功用主要有两种：① 在系统正常工作时常闭，仅在油压超过调定值时开启，作为安全阀使用；② 在系统工作时常开，靠自动调节开度改变溢流量，以保

持阀前油压基本稳定，即作为定压阀使用。直动型溢流
阀职能符号见图 6-3。

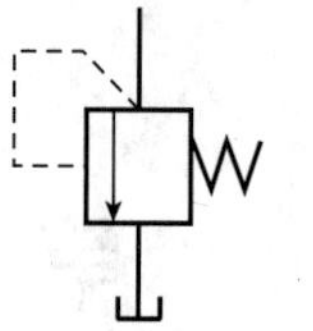

3. 流量控制阀

用于控制液压系统中油的流量，包括节流阀等。

图 6-3　直动型溢流
　　　　阀职能符号

二、液压泵

在液压机械中，液压泵的作用是将原动机的机械能转变为液压油的压力能，为液压系统供给足够流量和足够压力的油液去驱动执行元件。

容积式泵能产生较高的压力，且流量受工作压力的影响较小，故适合于作液压泵。常用的液压泵有齿轮泵、叶片泵和柱塞泵。

三、液压马达

排量较大的液压马达，可在工作油压不变的情况下得到较大的扭矩，转速则相应较低，属低速大扭矩液压马达；反之，排量较小的可得到较小的扭矩，转速则相应较高，属高速小扭矩马达。一般将额定转速小于 500 r/min 的归为低速马达，额定转速大于 500 r/min 的归为高速马达。高速马达体积、重量较小，便于维修，在船上使用日益增多，它用于甲板机械一般要加行星齿轮减速机构。

船用低速液压马达主要有径向柱塞式（如连杆式）和叶片式，高速液压马达主要有齿轮式和轴向柱塞式（斜轴式、斜盘式）。柱塞式马达密封性好，可采用高油压；叶片式马达密封性不如柱塞式，适用于中、低压。

液压马达使用中，有以下注意事项：

① 长期连续工作时，油压应比额定压力低 25％为宜，瞬时最高油压不应超过标定的最高压力，转速应在标定的范围内。

② 输出轴一般不应承受径向或轴向力负荷，否则会使轴承过早损坏；其与被驱动机构的同心度应保持在允许范围内，或采用挠性连接。

③ 连杆式马达应保持足够的排油背压，具体值在产品说明书中有规定，一般应大于 0.2 MPa。排油背压不足，连杆式马达易使抱环和球承座损坏。

④ 初次使用的马达壳体内应灌满工作油。柱塞式马达壳体上常有 2~3 个泄油接口，应选上部的接口接泄油管，将其余接口堵死。泄油管最高水平位置应高于马达，以防马达壳体中的油漏空，导致马达工作时不能得到润滑和冷却。

壳体内油压一般应保持在 0.05 MPa 以下，最高不应高于回油压力，大多

不超过 0.1 MPa，以保证轴封和壳体密封可靠。为此，泄油管应单独接回油箱，不应与主油路的回油管路连接，泄油管不宜太长，上面不宜加其他附件。

⑤ 试车时先让马达以 20%～30%的额定转速运转，然后逐渐加至额定转速。在低温环境启动应先空载运转，待油温升高后再加载工作。空载工作压降一般不大于 1 MPa。

四、液压辅件

1. 滤油器的作用、主要类型

（1）滤油器的作用　是在工作中不断滤除液压油中的固体杂质，保持油的清洁度，降低设备的故障率，延长液压油和装置的使用寿命。

（2）滤油器的主要类型　按工作原理分，滤油器有表面型、深度型和磁性滤油器。磁性滤油器是以高磁能永久磁铁吸附分离油中磁敏性金属颗粒，一般与前二类滤油器组合在一起使用。

2. 油箱的功能

油箱在液压系统中的主要功能是：

① 提供足够的储油空间，既能适应油液因温度变化而引起的胀缩，又能容纳系统元件的漏油和便于向系统补油。

② 帮助油散发工作中产生的热量。

③ 分离油中的气体，沉淀固体杂质。

第二节　液　压　油

一、液压油的选择

在液压装置中，液压油不仅用来传递液压能，也起润滑、散热和防锈作用。其性能对液压装置的工作性能和使用寿命有重要影响。

选择液压油时，应根据液压泵的种类、工作温度和工作压力来选用合适的品种和黏度等级（表 6-1）。

表 6-1　适用液压油的品种和运动黏度

液压泵类型	工作压力	40 ℃运动黏度（mm²/s）		适用品种和黏度等级
		工作温度 0～40 ℃	工作温度 40～80 ℃	
叶片泵	<7 MPa	30～50	40～75	HM 油，32、46、68
	≥7 MPa	50～70	55～90	HM 油，46、68、100

（续）

液压泵类型	工作压力	40 ℃运动黏度（mm²/s）		适用品种和黏度等级
		工作温度 0～40 ℃	工作温度 40～80 ℃	
螺杆泵		30～50	40～80	HL 油，32、46、68
齿轮泵		30～70	95～165	HL 油，32、46、68、100、150（中、高压用 HM）
径向柱塞泵		30～50	65～240	HL 油，32、46、68、100、150（高压用 HM）
轴向柱塞泵		40	70～150	HL 油，32、46、68、100、150（高压用 HM）

注：寒冷地区室外工作环境温度变化大，应选用 HV 油。

一般液压装置使用说明书常推荐合适的液压油品种，可参照执行。

二、液压油污染的检测和换油

液压油一般每半年至一年应取样检查一次。油样是否污染和变质在现场可作简易判断——用玻璃容器取油样与新油油样对比：油中如果混入太多空气会变得混浊，静置 1～2 h 后会从底部开始变得较清澈；油中如果混入水分多，会呈乳白色，静置 24 h 后上部会恢复较为透明；如果色泽变得暗褐并有臭味，则油已氧化变质。

经验表明，油氧化后应全部更换，如保留 10% 的旧油将使新换油寿命缩短一半。此外，液压泵、马达损坏换新后，如不彻底清洗系统和换油，寿命将不超过 6 个月。

第七章　舵　　机

第一节　基础知识

一、对舵机的基本要求

舵机是保证船舶操纵性能和安全航行必不可少的重要机械设备。一旦发生故障和失灵，将严重威胁航行安全。根据船舶航行的实际需要，对舵机提出的基本要求如下。

1. 满足船舶操纵性能要求

舵机应能保证足够大的转舵力矩，在任何航行条件下，确保正常工作。在最大航速时，能够将舵转动到最大舵角位置。

舵机应保证足够的转舵速度。通常从一舷的最大舵角 35°转到另一舷的 30°所需要的时间应不超过 28 s。

在船舶最大倒航速度（最大正航速度的一半）时，舵机应保证正常工作不致损坏。

2. 工作可靠，生命力强

舵机的结构强度足以承受巨浪冲击。它应备有两套操舵装置，可以互相换用，并有备用动力和应急装置。当船舶半速但不小于 7 kn 前进时，备用动力应能使舵在 60 s 内自一舷 15°转至另一舷 15°。

电动舵机或电动液压舵机的操舵装置，设有两套电动机和油泵机组。每套都从主配电板独立引出电源。

主操舵装置和备用操舵装置应能迅速简便地互相换用。操舵装置应有舵角限制器。

舵机工作应平稳，无撞击。

3. 操纵灵活、轻便、正确

在任何情况下，舵叶都能及时准确地转到要求的舵角位置。操舵角与实际舵角间的误差小，不自动跑舵。应设舵角指示器显示出实际舵角。

4. 结构紧凑，占空间地位小

5. 维护管理方便

二、舵机的种类及组成

1. 舵机的种类

按动力来源分，渔船常用舵机有人力机械操纵舵机、手动液压舵机、电动液压舵机等。

2. 舵机的基本组成

舵机除舵设备本身外，主要由转舵装置、操舵装置及其他附件等组成。

（1）转舵装置　或称推舵装置。包括发出转舵力矩的执行油缸、执行电动机，以及将力和力矩传递到舵柱上的传动机构。

（2）操舵装置　是从船舶驾驶台到舵机执行机构之间，为实现指令传送、控制舵机转向和速度，并进行信号反馈，保证舵机按照驾驶人员的意图工作的一套设备。

（3）其他附件　有舵角指示器、压力表、温度表等。

第二节　液压舵机的转舵机构

液压舵机的转舵机构指将液压泵供给的液压能转变成机械能，使舵杆和舵叶转动的转舵油缸及其传动机构。渔船上常用往复式。

往复式转舵油缸，主要有十字头式、拨叉式、滚轮式和摆缸式等。

摆缸式转舵机构见图 7-1。它的转舵油缸采用与支架铰接的双作用活塞式摆动油缸，活塞杆的伸缩直接推动与其铰接的舵柄转舵。为了适应油缸的摆动，连接油缸的油管必须采用高压软管。

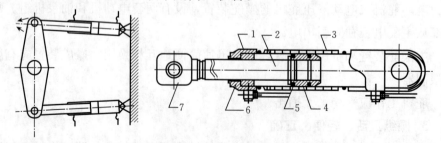

图 7-1　摆缸式转舵机构

1. 端盖　2. 活塞杆　3. 油缸　4. 活塞　5. 活塞环　6. 密封环　7. 接头

摆缸式转舵机构的主要特点是：

① 使用双作用油缸，故外形尺寸和重量可显著减小。

② 结构简单，拆装方便，油缸选用的数目和布置灵活。

③ 双作用油缸对缸内表面的加工精度及活塞杆与油缸的同心度要求较高。活塞的密封磨损后内漏不易发现。此外，铰接处磨损较大时工作中会出现撞击。

④ 以奇数双作用缸工作时，油缸的进排油量显然不等；即使以图示的同侧双缸工作，两活塞的位移也略有差异，这会导致油缸进排油量不等。所以系统中必须采取相应的补油和溢油措施。

⑤ 扭矩特性不佳，故除采用四缸的公称扭矩较大外，一般仅见于功率不大的舵机。

第三节　液压舵机的基本组成和工作原理

一、液压舵机的基本组成

1. 推舵机构

利用液压产生的推力，使舵柱与舵机固定连接的舵叶转动的一套机械设备。

2. 液压系统

将电能转换为液压能，并将液压能供给推舵机构，使推舵机构能按所需的推舵力矩和舵角转动速度进行工作。

3. 操舵控制系统

根据驾驶人员的意图，指挥和控制推舵机构和液压系统的工作要使之正确及时地完成所需要达到的舵角，以及实现停舵或换向的动作。

二、液压舵机的工作原理

目前渔船一般都采用电动液压舵机，它分为阀控型和泵控型两大类。

下面以图 7-2 手动阀控型舵机的液压系统为例来介绍液压舵机的工作原理。

阀控型舵机的液压泵采用单向定量泵 6，舵机工作时泵按既定方向连续运转，吸、排方向和排量不变，向转舵油缸供油的方向由 M 型三位四通手动换向阀 3 控制。操纵换向阀，于是阀芯从中位向一端偏移，向某侧转舵油缸供油，另侧油缸的油路则由换向阀通回泵的吸口（闭式系统），油缸中的

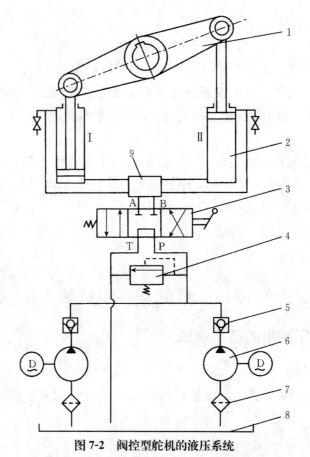

图 7-2　阀控型舵机的液压系统

1. 舵柄　2. 转舵油缸　3. 手动换向阀　4. 溢流阀　5. 单向阀

6. 油泵　7. 滤器　8. 油箱　9. 进、回油管接口

A，B. 出油口　T. 回油口　P. 进油口

柱塞移动，推动舵柄和舵叶转动。

　　当舵转至实际舵角信号与指令舵角信号相符时，操纵换向阀使阀芯回到中位，泵的排油经换向阀卸荷，通转舵油缸的油路被封闭，舵叶停在与指令舵角相符的舵角。

第四节　液压舵机的维护与管理

一、舵机的充油和调试

1. 舵机的充油

舵机安装完毕后，充油的操作步骤一般如下：

① 通过滤器从转舵油缸上部向缸内加工作油，这时油缸上部的放气阀和通油缸的截止阀应开启，直至放气阀有连续油流流出后将关闭，停止加油。

② 从工作油箱上部的通气口经滤器将工作油加入，使之达到油位计指示的高位。

③ 在机旁用应急操舵的方法操纵主油泵，以小流量轮流向两侧转舵至接近 30°，并反复开启油缸压力侧（柱塞伸出侧）的放气阀放气，直至柱塞运动平稳，无异常噪声为止。

充油过程中要注意及时向油箱补油。系统空气排尽前不要让油泵长时间运转，以免空气与油液搅混后难以放尽。

2. 舵机的调试

（1）对舵的控制和指示的要求　① 电气舵角指示器的指示舵角与实际舵角（由机械舵角指示器指示）之间的偏差应不大于 ±1°，而且正舵时须无偏差。② 采用随动方式操舵时，操舵仪的指示舵角与舵停住后的实际舵角之间的偏差应不大于 ±1°，而且正舵时须无偏差。③ 无论舵处于任何位置，均不应有明显跑舵（稳舵时舵偏离所停舵角）现象。④ 采用机械或液压方式操纵的舵机，滞舵（舵的转动滞后于操舵动作）时间应不大于 1 s，操舵手轮的空转不得超过半转。⑤ 电气和机械的舵角限位必须可靠。

（2）开航前的试舵　每次开航前，轮机员应到舵机间，会同驾驶员对舵机进行试验。试舵时，驾驶台遥控启动一套油泵机组，并先后从 0° 起向两舷进行 5°、15°、25°、35° 的操舵，判断舵角指示器指示是否正确，然后换用另一套油泵机组进行同样的试验。备用遥控系统也应进行试验。

（3）舵角的调整　试舵时如发现实际舵角与操舵仪指令舵角偏差大于 ±1°，须查明原因并予以纠正，必要时对控制系统进行调整。随动舵控制系统的调整可分为零位调节或机械传动比的调节。

二、舵机日常管理注意事项

1. 连接、锁紧件的紧固与设备清洁

随时检查固定螺栓、管路连接螺栓、传动连接杆件调节锁紧螺母等的紧固情况。

2. 油箱油位

液压泵工作油箱和补油箱的油位应保持在油位计的 2/3 高度左右。油位增高表明油中混入过多气泡或油冷却器漏水，油位降低则表明系统漏油，都应及时查明修复。

3. 设备和液压油工作温度

泵与电机等机电设备不应有过热现象，否则应立即查明原因，予以消除。

4. 工作油压

小舵角时主泵的排出侧油压远低于额定工作油压，大舵角时也不应高于额定工作油压，否则说明舵机超负荷。

5. 油液的清洁与过滤

平时应注意滤器前后的压差，按要求及时清洗或更换滤芯。

6. 润滑

油缸柱塞或活塞杆的暴露表面应保持清洁，并浇涂适量工作油。

7. 漏泄

舵杆填料不应漏水，如发现漏泄可适当均匀上紧压盖，或在船舶空载时换新填料。

8. 振动与噪声

舵机应运转平稳、安静。如有异常应立即查明原因，设法处理。

9. 电气设备

定期检查电气设备的绝缘，检查和清洁触头，检查和防止各接头松动，及时更换损坏的按钮、开关等元件，保持电气设备、仪表、指示灯和照明完好。

三、舵机的常见故障分析

1. 舵不能转动

（1）遥控系统失灵　油泵运转正常，机旁操舵正常。

可能是电源故障、保险丝熔断、触头或连接接触不良、电气元件（如电磁阀线圈、自整角机）损坏等；还可能是舵机间电气遥控系统的受动元件或机构故障，如电磁阀阀芯卡阻、传动销（轴）松脱等。

（2）主泵不供油　若泵不能启动，可能是转动受阻（可盘车检查），或是电路故障。若泵转动但无油压，可能是泵损坏；也可能是油箱油位过低或吸入侧堵塞。

（3）主油路故障　安全阀开启压力过低、关闭不严或旁通阀关闭不严。

2. 只能单向转舵

（1）遥控系统只能单向动作　改用机旁操舵则正常。这是因为电气遥控系统只能给出单向操舵信号，例如控制电磁阀一端线圈损坏。

（2）主油路单方向不通或旁通

3. 转舵速度慢

① 机旁操舵正常，遥控系统控制不当。

② 主泵流量太小。

③ 主油路有旁通或漏泄。

4. 滞舵

舵的转动明显滞后于操舵动作。一般是主油路中混有较多气体。

5. 冲舵

舵转到指令舵角不停。

① 电气遥控系统故障，不能及时正确传递反馈信号。

② 伺服系统换向阀卡阻不能及时回中、伺服油缸活塞跑位（漏泄、锁闭不严）。

③ 阀控型系统中换向主阀不能及时回中。例如阀芯卡阻等。

④ 转舵油缸锁闭不严。在转舵惯性大，特别是负扭矩时，也可能发生一定程度的冲舵。

⑤ 油缸内存在较多空气，停止进油后，因高压侧气体膨胀、低压侧气体压缩而冲舵。

6. 舵不准

实际舵角与指令舵角不符。

往往是由于遥控系统（包括传动杆件和反馈机构）调整不当造成的。传动杆件的支承、连接点间隙过大也会引起少量舵角偏差。

7. 跑舵

稳舵时舵偏离所停舵角。

多因主油路锁闭不严引起，也可能是控制系统工作不稳定引起，如电接触不良等。

8. 舵机有异常噪声及振动

（1）液体方面引起的噪声　系统进空气或吸入滤器堵塞。

（2）机械方面引起的噪声　可能是地脚螺栓松动，泵与电机对中不良，联轴节损坏，轴承或泵内部件损坏，管路或其他部件固定不牢。

第八章 锚 机

第一节 锚机的种类、结构原理

一、锚机的种类

锚机是用来收放锚和锚链的机械。根据所用动力不同，现今主要有电动锚机和液压锚机。按链轮轴线布置的方向不同，又有卧式和立式之分。

二、锚机的结构原理

1. 电动锚机的结构原理

电动锚机的结构原理见图 8-1。电动机经蜗杆、蜗轮、小齿轮、大齿轮两级减速后带动链轮轴。卷筒用键固定在链轮轴上，随轴转动，用来收绞缆绳等。链轮和制动轮连为一体空套在链轮轴上，左右舷各一个，可分别用来起左、右锚之用。链轮与链轮轴的离合用牙嵌式离合器通过控制手轮控制。

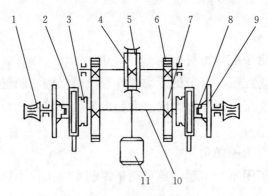

图 8-1 电动锚机结构原理

1. 卷筒　2. 制动轮　3. 链轮　4. 蜗杆　5. 蜗轮　6. 小齿轮　7. 大齿轮

8. 离合器　9. 控制手轮　10. 链轮轴（载重轴）　11. 电动机

2. 液压锚机的结构原理

液压锚机一般由液压马达、传动齿轮、锚链轮、副卷筒、刹车装置、离合器、公共底座和锚链管头部等组成。

开式齿轮将液压马达的扭矩传递到主轴上，开式齿轮配有齿轮罩。锚链轮通过衬套空套在主轴上，当需要转动锚链轮时，合上链轮离合器，链轮即随主轴同时转动；锚链轮刹车装置为带式丝杆手轮机旁操作，起锚部分离合器装置为牙嵌式机旁手动操作。副卷筒直接通过键与主轴联接，与主轴一起转动。

整个锚机通过螺栓与公共底座连接成一个整体。

第二节　锚机的维护与管理

一、电动锚机的使用维护与管理

① 在进行操作时，控制手柄应从零位开始逐挡加速，并有一定时间间隔（3～5 s），第一挡速度不宜长时间使用。

② 需加注润滑油的部位及时加注润滑油、润滑脂。

③ 锚机所有不工作表面必须保持清洁，外露表面应经常涂刷油漆，以防生锈。

④ 经常检查各部固定螺栓有无松动等情况，并及时排除。

⑤ 锚机使用完毕后，应及时切断电源，并用帆布罩盖好。

二、液压锚机对其液压系统的使用维护与管理

① 系统中所用的液压油应符合质量要求，且清洁、无杂质。以防液压元件严重磨损，缩短使用寿命或酿成故障。所用油料多为 30 号或 46 号液压油。使用一段时间后，如油质下降不符合技术要求，应及时更换新油。

② 磁性过滤器应经常检查和清洗，以确保其过滤性能。

③ 液压系统各接合面应保持严密不漏，以防油液外泄和空气渗入。

④ 膨胀油箱中油位高度应定期检查，并及时、适当地补充油液。油位高度通常在油箱总高度的 1/3～2/3。

⑤ 空气漏入液压系统，将会影响油马达的平稳运转，因此油马达启动运转初始，应予排除空气。

⑥ 液压锚机初次使用，应先经过 2～3 h 的空车磨合运转，然后投入正常工作。

⑦ 在渔船上，由于起锚和绞缆一般不会同时进行，故液压锚机与液压绞纲机常共用同一个液压传动系统。

第九章　捕捞机械

第一节　捕捞机械的分类、要求和功用

一、捕捞机械的分类

捕捞机械是指捕捞作业中用于操作渔具的机械设备。捕捞机械按捕捞方式，可分拖网、围网、刺网、地曳网、敷网、钓捕等机械；按工作特点，则可分为渔用绞机、渔具绞机和捕捞辅助机械 3 类。图 9-1 为鱿钓机械和延绳钓机械。

a

b

图 9-1　鱿钓机械和延绳钓机械

a. 鱿钓机械　b. 延绳钓机械

二、捕捞机械的要求

捕捞机械要求结构牢固，能在风浪或冰雪条件下作业，可经受振动或交变冲击；具有防超载装置，能消除捕捞作业中的超载现象；操纵灵活方便，能适应经常启动、换向、调速、制动等多变工况的要求及实现集中控制或遥控；防腐蚀性能较强。

三、捕捞机械的功用

1. 渔用绞机

渔用绞机又称绞纲机，牵引和卷扬渔具纲绳的机械。除绞网具的纲绳外，还可用于吊网卸鱼及其他作业。功率一般为几十至数百千瓦，高的达 1 000 kW 以上。绞速较高，通常为 $60 \sim 120$ m/min。一般为单卷筒或双卷筒结构，有的有 $3 \sim 8$ 个卷筒。纲绳在卷筒上多层卷绕，常达 $10 \sim 20$ 层。机上广泛应用排绳器。放纲绳时卷筒能随纲绳快速放出而高速旋转，不用动力驱动。

2. 渔具绞机

渔具绞机为直接绞收渔具的机械，功率一般为几千瓦至数十千瓦。主要有以下 3 类。

(1) 起网机 将渔网从水中起到船上或岸上的机械。根据工作原理有摩擦式、挤压摩擦式和夹紧式 3 种。在地曳网、流刺网、定置网、围网和部分拖网作业中使用。

(2) 卷网机 能将全部或部分网具进行绞收、储存并放出的机械。在小型围网、流刺网、地曳网及中层拖网与底拖网作业中使用。

(3) 起钓机械 将钓线或钓竿起到船上达到取鱼目的的机械。在延绳钓、曳绳钓、竿钓作业中使用。自动钓机可自动进行放线钓鱼和摘鱼等。

3. 捕捞辅助机械

捕捞辅助机械种类繁多，主要分 3 类。

(1) 辅助绞机 以起重为主或参与渔具次要操作的绞机，作用单一、转速慢、功率较低（大型专用起重机除外）。常以用途命名，如放网绞机、吊网绞机、三角抄网绞机、理网机移位绞机、舷外支架移位机等。

(2) 网具捕捞辅助机械 如理网机用以将起到船上的围网或流刺网网衣顺序堆放在甲板上；振网机用以将刺入刺网网具中的渔获物振落；抄鱼机用

以将围网中的鱼用瓢形小网抄出；打桩机用以将桩头打入水底以固定网具。

（3）钓具捕捞辅助机械　主要在金枪鱼延绳钓作业上使用，有放线机、卷线机和理线机等。

第二节　拖网捕捞机械

拖网捕捞机械指捕捞作业中操作拖网渔具的各种机械的总称。

一、拖网捕捞机械的种类

拖网捕捞机械主要包括拖网绞机、卷网机和辅助绞机 3 类。

1. 拖网绞机

拖网绞机主要用于牵引、卷扬拖网上的曳纲和手纲。其特点是绞收速度快、拉力大。绞收速度快，可缩短起网时间、提高捕捞效益；拉力大，可克服绞纲阻力。

绞机由卷筒、离合器、制动器、排绳器等组成。由内燃机、电动机或油马达输出的动力，经离合器接合，使可容纳数百至数千米曳纲的卷筒转动。通过制动器对卷筒进行半抱闸或全抱闸，以调整卷筒转速，维持曳纲张力，使网板和网形能在水域中正常张开；或迫使卷筒停转，使拖网随渔船的拖曳而在水域中移动。排绳器能使曳纲在卷筒上均匀顺序排列堆叠。有的绞机的主轴端部还装有摩擦鼓轮或副卷筒，进行牵引网具、吊网和卸鱼等作业。此外，绞机还应具有防止超载、超速、机旁控制、船尾远距离控制和驾驶室或操纵室控制等装置。拖网绞机按所拥有的卷筒数量可分为双卷筒、单卷筒和多卷筒绞机。前两种是普遍采用的形式。

（1）双卷筒绞机　结构形式有单轴双卷筒和双轴双卷筒之分。当卷绕的曳纲由直径不同的绳索组成时，借卷筒变速装置或手动操纵可实现双速排绳。

（2）单卷筒绞机　又称分离式绞机。两台绞机成对进行工作。小型拖网渔船用于收放、储存曳纲和手纲。大、中型渔船设 2 台曳纲绞机和 2 台手纲绞机。有的船设 4 台手纲绞机，可实现 2 顶拖网轮流放网捕捞的双网作业。

（3）多卷筒绞机　属大型绞机，卷筒数量 5～8 个，一机多用，机械性能较好。如四轴七卷筒拖网绞机，主轴 2 个卷筒绞收曳纲的总拉力及速度为30 t、120 m/min，可分别储存直径 34 mm 的钢丝绳曳纲 5 500 m；中间轴上的 2 个卷筒用以绞收手纲，其拉力和速度各为 15 t、40 m/min；传动轴上的 3 个卷筒用于吊网卸鱼，单个卷筒通过滑轮组一次可吊重的总拉力及速度为 60 t、40 m/min，三卷筒最高可吊卸渔获物 180 t。八卷筒绞机通常由曳纲、手纲、牵引网具和吊网卸鱼卷筒各 2 个组成。

此外，中国和日本在东海、黄海作业的双拖渔船采用绞机与卷纲机配成机组绞收曳纲，每船安装 2 组。绞机结构简单，主要是一个摩擦鼓轮，曳纲在鼓轮表面卷绕数圈后，由卷纲机靠其摩擦力绞拉。绞纲时由于绞拉直径不变，可实现等扭矩工作。卷纲机结构与单卷筒绞机基本相同，卷筒工作速度需稍高于绞机以保持拉力，由于拉力很小，所需功率仅为绞机的 1/10。绞纲机组分散安装，便于船上布置。

2. 拖网卷网机

拖网卷网机是用以卷绕整顶底拖网或中层拖网而起网并将网储存的机械。也有单纯卷绕拖网网袖的，称网袖绞机。卷网机主要由卷筒、离合器、制动器及动力装置等组成。具有省力、省时、安全、甲板简洁等优点，但补网与调整网具较不便。根据卷筒结构，可分为直筒式和阶梯筒式两种。

（1）直筒式卷网机　中间为光滑的圆筒体，两端为大直径的侧板。中国在 20 世纪 50 年代已使用，卷筒底径 350 mm，侧板外径 1 500 mm，长近 6 m，容网量 6 m³，能卷绕 100 m 长的双拖网。用于 30～45 m 长的拖网渔船上。

（2）阶梯筒式卷网机　筒身中间大、两边小，两端为大直径侧板。有的在筒身两阶梯处设大直径隔板。两侧用于卷手纲、中间用于卷网。卷筒底径 240～900 mm。容网量大型的为 9～16 m³，中型的为 7～9 m³，小型的为 7 m³ 以下。大、中型卷网机底径拉力 8～35 t，有的已达 52 t。速度为 13～48.5 m/min。功率从数十千瓦至 200 多千瓦。

3. 辅助绞机

辅助绞机是配合拖网捕捞机械化的其他绞机的总称。小型拖网渔船只有辅助绞机 1 台，用于吊网卸鱼等各种辅助作业。大型拖网渔船针对各种作业设专用绞机，有手纲绞机、牵引绞机、吊网卸鱼绞机、晒网绞机、放网绞机，有的尚有网位仪绞机、下纲滚轮绞机和下纲投放机等。绞机一般为单卷筒，有离合器、制动器等。卷筒较小，容绳量大多不超过 100 m。绞收速度 60 m/min 以下。功率通常为数十千瓦。

4. 驱动方式

驱动方式有机械、液压、电动 3 种。早期采用机械传动，功率小、性能差，20 世纪 50 年代以来已较少使用。从 60 年代后期开始，液压传动已占主导地位，并向中高压发展，使用压力多为 140～240 bar。它具有体积小、重量轻、能防过载、易控制和可无级调速，电传动效率高、传输方便、易于控制、电动机单机功率大等优点，在 60 年代前期占主导地位，目前 3 000 t 以上的大型拖网渔船因绞机多、单机功率大，故仍普遍采用。

二、拖网捕捞机械的发展趋势

拖网绞机正向单卷筒、多机发展，新型绞机一般装有曳纲张力长度自动控制装置，超载时可自动放出，并能进行减速控制；张力过小时能自动收进；两曳纲受力不等时能自动调整，保证曳纲等长同步工作，并可预定曳纲放出长度和绞纲终止长度，以实现自动起放网。辅助绞机正日趋专用化。驱动方式大多向中高压液压传动发展。全船各种捕捞机械的控制采用集中遥控和机侧遥控相结合方式，并开始采用电子计算机程序控制。

第三节　流刺网捕捞机械

流刺网捕捞机械是起放刺网渔具和收取渔获物的各种机械的总称，有起网机、振网机、理网机绞盘和动力滚柱等。小型渔船只配置绞盘和起网机。大型渔船有各种机械 5～6 台，可实现起网、摘鱼、理网和放网的机械化。

流刺网捕捞机械的分类。

一、刺网起网机

刺网起网机是绞收刺网网列的机械。根据工作原理，可分为缠绕式、夹紧式和挤压式 3 类；也可根据起网方式，分为绞纲类和绞网类两种，前者绞纲带网，网列呈平展式进入甲板，通常由两台机器分别绞沉子纲和浮子纲，故也可称沉子纲绞机和浮子纲绞机。两机结构有的完全相同，有的略有差异。有的单设 1 台绞沉子纲，其网列呈集束形进入机器直接进行绞收。图 9-2 为三滚轮刺网起网机。

1. 缠绕式起网机

缠绕式起网机通过旋转机件与纲绳或网列间的摩擦力进行起网。绞纲类有双滚轮、三滚轮、三滚柱等，纲绳与滚轮（柱）呈 S 形或 Ω 形接触，以增加包角和摩擦力，另由人力对纲绳施加初拉力将网起上来；滚轮表面镶嵌

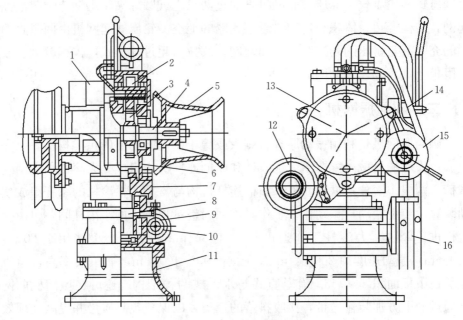

图 9-2　三滚轮刺网起网机

1. 马达　2. 小齿轮　3. 大齿轮　4. 工作轮轮轴　5. 摩擦鼓轮　6. 立轴　7. 箱体　8. 水平回转台
9. 蜗轮　10. 蜗杆　11. 机座　12. 导网轮　13. 起网工作轮　14. 操纵阀　15. 压轮　16. 液压管

橡胶，以增加摩擦系数，提高起网机的性能。绞网类有槽轮式和摩擦鼓轮式，网列靠槽轮楔紧摩擦力或鼓轮表面摩擦力而起网。槽轮摩擦力与轮的结构、楔角大小，以及轮面覆盖材料等有关。

2. 夹紧式起网机

夹紧式起网机通过旋转的夹具将刺网的纲绳或网列夹持或楔紧而起网。常见的有夹爪式和夹轮式。夹爪式起网机在一个水平槽轮上装有若干夹爪，能随槽轮同时转动，通过爪与槽轮表面夹住刺网的上纲或下纲进行转动而起网。每个夹爪在一转内依次作夹紧绞拉和松脱动作一次，实现连续起网。起网机的拉力与同时保持夹持状态的夹爪数有关。夹轮式起网机是槽轮将网列夹持后转动一个角度然后松脱而起网。槽轮有固定的和可调的两种。固定的槽轮其圆周槽宽不等距，网束在狭槽处夹紧，宽槽处松脱。可动的槽轮由两半组成，其中一个半体可以移动。工作时，槽轮半部倾斜压紧，半部松开。槽轮材料有金属、金属嵌橡胶条和充气胶胎等。

3. 挤压式起网机

挤压式起网机通过两个相对转动的轮子挤压纲绳或网列而起网。常见的有球压式和轮压式。球压式起网机是通过两只充气圆球夹持纲绳连续对滚而起网，结构轻巧，体积小，通常悬挂在船的上空。轮压式起网机由两只直筒形的充气滚轮挤压网列连续对滚而起网，绞拉力超过球压式，体积较大，装在甲板上，绞收较大的网具。

二、刺网振网机

刺网振网机是利用振动原理将刺入或缠于刺网网列上的鱼类抖落，以完成摘鱼作业的机械。主要由 3 根滚柱和曲柄连杆机构组成。大滚柱承受网列载荷，两根小滚柱系振动元件。曲柄连杆机构与支承两根滚柱的系杆组成摆动装置，实现振动抖鱼动作。工作时，网列呈 S 形进入两小滚柱间，再由大滚柱进行牵引。大滚柱工作速度约为 40 m/min，两根小滚柱相距 200～400 mm，振动速度约 200 次/min，振幅 200～400 mm，摘鱼效率高，但机械需占甲板面积 6～9 m。有垂直式与水平式两种结构。还可在振网机前网列通过的下方加装输送带，接收抖落的鱼类，以保证鱼品质量并提高处理效率。振网机适用于吨位较大的渔船。

三、刺网理网机

刺网理网机又称叠网机。将完成摘鱼作业后的网列顺序整齐排列堆高的机械。网列在一对滚柱间通过后，在连续垂直下放过程中由曲柄连杆机构左右摆动，实现反复折叠，浮子纲和沉子纲分别排列在两侧，理网效果较好。机体较大，适于吨位较大的渔船采用。有的用 2 台滚轮式机械分别绞纲带网，输送网列，并靠人力协助自然堆叠，效果较差，但网衣部分不需通过机械，机体较小，适用于百吨以下的小船。

四、刺网绞盘

刺网绞盘是绞收刺网带网纲和引纲的机械。具有垂直的摩擦鼓轮对渔具纲绳通过摩擦进行绞收而不储存。有的在绞盘下装有引纲自动调整装置。该装置主要由用于缓冲的钢丝绳及其卷筒、排绳器、安全离合器和报警装置等组成。钢丝绳与流刺网上的带网纲相联系。当带网纲张力超过安全离合器调定值时，离合器脱开，卷筒放出钢丝绳，缓和船与网之间的张紧度，使负荷降低，消除断纲丢网事故。张力减少时，离合器自动闭合，卷筒停转。多次使用时，待钢丝绳放出长度达预定值后，能自动报警，卷筒即自动收绳，由排绳器使绳在卷筒上顺序排列。报警信号可及时通知开船配合收绳，以减少阻力。

五、动力滚柱

起网或放网的辅助装置。由动力装置和一个两头小、中间大的圆锥筒组成。滚柱长 2～4 m。大多装在船舷，可加快起放网速度。有的装在船尾，用于放网。

第四节　液压传动捕捞机械的使用操作

液压传动捕捞机械结构简单，操作相对容易，但安装在狭小的渔船甲板上很容易发生操作人身事故，所以要特别强调安全操作规程。

液压机械主要都由液压马达、离合器、减速齿轮箱、传动轴、传动皮带、传动链条、鼓轮、滚筒、操纵机构等组成。在使用操作时，应检查和注意以下事项。

① 检查离合器、传动装置、刹车是否可靠。

② 工作中设专人操纵控制阀。

③ 由主机齿轮箱传动的起网机，在主机高速和倒车时，不可操纵起网机。

④ 机械周围应清理干净杂物，操作人员应有熟练的操作技能，动作干净利索。

⑤ 机械不允许超负荷运行。

⑥ 放网、放绳时，人要远离绳、缏滑行部位，控制刹车掌握放网速度。一般不允许在快速放网时突然刹车，以免损坏设备和造成人身事故。

⑦ 机械各轴承、齿轮等传动部位要加好润滑油（脂）。

⑧ 检查各螺栓的紧固情况、皮带（链条）的松紧，以及齿轮的啮合情况和离合器的工作情况。

第五节　液压传动捕捞机械的维护保养

渔船捕捞机械普遍使用液压传动，应当十分重视液压系统的维护工作。液压系统可能出现的故障也是多种多样的，在使用中产生的大部分故障是由于油液被污染、系统中进入空气及油温过高造成的。

在日常维护中，应当特别注意这几方面的问题。

一、防止油液污染

在液压系统中，油液的质量会直接影响到液压传动工作。在正常选用油液后，要特别注意保持油液的干净，防止油液中混入杂质污物，避免故障发生。

1. 油液污染对液压系统产生的危害

① 堵塞液压元件，如泵、阀类元件相对运动部件之间的配合间隙，液压元件中的节流小孔、阻尼孔和阀口，使元件不能正常工作。

② 污物进入液压元件相对运动部件之间的配合间隙，会划伤配合面，破坏配合面的精度和表面粗糙度，加速磨损，使元件泄漏增加，有时会使阀芯卡住，造成元件动作失灵。

③ 油液中污物过多，使油泵吸油口处滤油网堵塞，造成吸油阻力过大，使油泵不能正常工作，产生噪声和振动。

④ 油液中的污物会使油液变质。水分混入油液中，会使油液产生乳化，降低油的润滑性能，增加油液的酸值，导致元件使用寿命缩短，泄漏增加。

2. 防止油液污染的措施

在液压系统常见的故障中，有不少是由于油液不干净造成的。因此，经常保持油液的干净，是维护液压设备的一个重要方面。防止油液污染的措施有以下几点：

① 油箱周围应保持清洁，油箱加盖密封，油箱上面设置空气过滤器。

② 油箱中油液要定期更换。一般累计工作 1 000 h 后，应当换油。所用器具如油桶、漏斗、抹布等应保持干净。换油时，将油箱清洗干净。注油时，应通过 120 目*以上的过滤器。

③ 系统中应配置粗、细过滤器。要经常检查、清洗过滤器，如有损坏应及时更换。

④ 定期清洗液压元件并疏通管路，一般先用煤油清洗，然后再用系统中所用的油液清洗。

---

* 筛网有多种形式、多种材料和多种形状的网眼。网目是正方形网眼筛网规格的度量，一般是每 2.54 厘米中有多少个网眼，名称有目（英国）、号（美国）等，且各国标准也不一，为非法定计量单位。孔径大小与网材有关，不同材料的筛网，相同目数网眼孔径大小有差别。——编者注

⑤ 定期检查管路和元件之间的管接头及密封装置，失效的密封装置应及时更换，管接头及各接合面的螺栓应拧紧。

二、防止空气进入液压系统

1. 空气进入液压系统的危害

① 使系统产生噪声。溶解在油液中的空气，在压力低时就会从油中逸出，产生气泡，形成空穴现象，到了高压区．在压力油的冲击下，气泡被击碎，急剧受压，使系统产生噪声。

② 油中的气体急剧受压时，会放出大量的热量，引起局部过热，损坏液压元件和液压油。

③ 油中的空气可压缩性大，使工作设备产生爬行和振动，破坏工作平稳性，影响加工精度。

2. 防止空气进入液压系统的措施

① 为防止回油管回油时带入空气，回油管必须插入油箱的油面以下。

② 吸入管及泵轴密封部分等低于大气压的地方，应注意不要漏入空气。

③ 油箱的油面要尽量大些，吸入侧和回油侧要用隔板隔开，以达到消除气泡的目的。

④ 在管路及液压缸的最高部分设置放气孔，在启动时应放掉其中的空气。

第三篇

渔船电气

第十章　渔船电子、电气基础

第一节　电　路

一、电路的基本物理量及单位

1. 电压

电压是电路中两点的电位差。常用符号"U"表示。电压的单位是"伏特"，简称"伏"（V），还有千伏（kV）、毫伏（mV）、微伏（μV）。

2. 电流

电流是电荷在导体内有规则的流动的现象。常用符号"I"表示。电流的单位是"安培"，简称"安"（A），还有毫安（mA）、微安（μA）。

3. 电阻

电阻是电流在导体内流动时所受到的阻力。常用符号"R"表示。电阻的单位是"欧姆"，简称"欧"（Ω），还有千欧（kΩ）、兆欧（MΩ）。

二、电路基本定律

1. 电路

电流所经过的路径称电路。电路一般由电源、负载、中间环节三个部分组成（图10-1）。

（1）电源　是将电能转变为其他形式能量的装置，如以电机、干电池、蓄电池等。

（2）负载　是将电能转变为其他形式能量的装置，如电灯将电能转变为光能、电动机将电能转变为机械能。

（3）中间环节　是连接电源和负载并具有对电器进行控制和保护的能力。如导线、开关、熔断器等都是属于电路的中间环节。

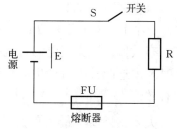

图10-1　电　路

电路的工作状态通常有通路、断路、短路三种状态。

2. 欧姆定律

欧姆定律是确定线性电路中电压（或电动势）、电流、电阻三者之间关系的定律。

欧姆定律表示式：

$$I=U/R;\ U=IR;\ R=U/I$$

式中　I——电流强度（A）；

　　　U——电压（V）；

　　　R——电阻（Ω）。

欧姆定律表示电路中通过的电流的大小与施加的电压成正比，与电路中的总电阻成反比。

第二节　正弦交流电路

一、正弦交流电的基本概念

大小和方向都随时间作周期性变化的电流（电动势、电压）称为交流电。交流电与直流电的根本区别是：直流电的方向不随时间的变化而变化，交流电的方向则随时间的变化而变化。按正弦规律变化的交流电称为正弦交流电，简称交流电。

交流电三要素：周期、幅值、初相位。

1. 周期

交流电每变化一次所需要的时间为周期，单位是秒（s）。频率是交流电 1 s 内变化的次数，单位是赫兹，简称赫（Hz）。

关系：

$$周期＝1/频率　或　频率＝1/周期$$

我国国家标准交流电的频率为 50 Hz，周期为 0.02 s。

2. 幅值（最大值）

一个正弦量在交变时出现的最大数值（包括正、负极）称为幅值（最大值）。

有效值：让交流电和直流电分别通过阻值完全相同的电阻，如果在相同的时间内这两种电流产生的热量相等，就把此直流电的数值定义为该交流电的有效值。

关系：幅值（最大值）等于有效值的 $\sqrt{2}$（≈1.414）倍。根据上述关系，当已知交流电的有效值，时可求出交流电的幅值（最大值）。

3. 初相位

交流电动势的产生是假设线圈开始转动瞬间，线圈平面与中性面重合，即正弦交流电的起点为零。但事实上交流电变化是连续的，并没有肯定的起点和终点。当线圈刚开始转动的瞬间（$t=0$），在磁场内的线圈与中性面相位角称为初相位。

二、交流电路中的电阻、电感、电容元件

交流电电压、电流的大小和方向随时间变化，并且存在相位关系。交流电路中元件有电阻、电感和电容，而且三种元件上的电流、电压关系不相同。

如在工作中会碰到多种性质的负载，如白炽灯、电炉、电烘箱等为阻性负载；日光灯、电动机为感性负载；以及各种电容器等容性元件。

三、三相交流电源的基本概念

1. 三相对称交流电

三个电压幅值大小相等，同频率变化，但在相位上互差120°。

2. 三相电源的连接

（1）星形（Y）连接　把三个绕组的末端 X、Y、Z 连接在一起，由 A、B、C 三个始端引出三根输电线（图10-2a），这种连接方法称为星形接法。

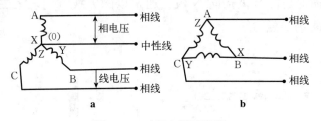

图10-2　三相电源的连接

（2）三角形（△）连接　一个绕组的末端和另一个绕组的始端按顺序连接，即 X 接 B、Y 接 C、Z 接 A，连接成一个三角形的连按方法称三角形连接。再从三个接点引三根端线（相线）供电（图10-2b）。

三相绕组按三角形连接时，线电压和相电压相等，发电机三绕组很少接成三角形，一般都接成星形。

四、三相负载的连接方式

三相负载在实际使用中，主要是根据电源的线电压和负载的额定电压的

关系而确定它应该接成星形（Y）或者三角形（△）。当各相负载的额定电压等于电源线电压的 $1/\sqrt{3}$ 时，应将负载接成星形。如果误接，把应该作星形连接的接成三角形，那么每相负载上所施加的电压都为它的额定电压的 $\sqrt{3}$ 倍，会使负载烧毁；反之，若把应是三角形联结的错接成星形，如果负载是电动机，则由于电动机的转矩是与电压的平方成正比，势必降低电动机的转矩，同样会造成生产事故。

第三节 电 与 磁

一、磁场的基本概念

人们把具有吸引铁、镍、钴等物质的性质称为磁性。具有磁性的物体称为磁体。磁不但能通过永久磁铁产生，而且还可以通过电流通过导体产生。只要有电流存在，就有磁的存在，电的磁效应和热效应一样，是在产生电流的同时随之产生的。磁铁两端磁性最强的区域称为磁极。磁极分北极（N）和南极（S）。磁极具有同性相拆，异性相吸的特性。磁极间的相互作用力称为磁力。磁体周围存在磁力作用的空间称为磁场。为了形象地描述磁场，人们抽象地引出磁力线这一概念。因此规定，外磁场磁力线由 N 极指向 S 极，在磁场内部是由 S 极指向 N 极，通常以磁力线方向表示磁场方向。图 10-3 为几种磁场的磁力线。

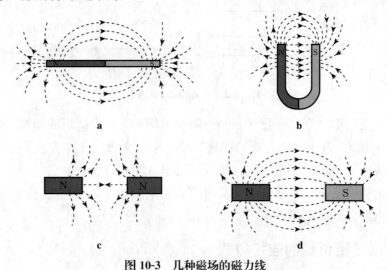

图 10-3 几种磁场的磁力线

a. 条形磁铁 b. 蹄形磁铁 c. 同名磁极 d. 异名磁极

二、电磁感应定律

电能生磁，磁也能生电，这是自然界的规律。英国科学家法拉第发现：当导体相对于磁场做切割磁力线运动，或线圈中的磁通发生变化时，都有感生电动势产生，若导体或线圈是闭合回路的一部分，则导体或线圈中将产生感生电流，这种现象称为电磁感应，俗称动磁生电。发电机和变压器等都是根据这一原理制成的。

右手定则（发电机定则）：直导体切割磁力线所产生的感生电动势的方向可用右手定则来判断。根据磁力线方向及导体运动方向确定感生电动势方向。

具体做法：展开右手掌，四指与拇指成 90°并平行，手心对磁力线方向（即 N 极），拇指指向导体运动方向，则四指所指的方向为感生电动势方向（图10-4）。

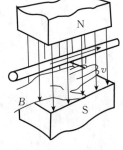

图 10-4　右手定则

右手螺旋定则：① 直线电流的磁场。用右手握住通电直导线，让拇指指向电流方向，则弯曲的四指所指的就是磁场（磁力线）方向。② 环形电流产生的磁场。右手握住螺线管，弯曲四指指向线圈电流方向，则拇指方向就是磁场（磁力线）方向。

三、载流导体在磁场中的受力

左手定则（电动机定则）：载流导体在磁场中的受力方向，可用左手定则来判断。左手定则又称电动机定则，分析电动机如何转起来时需运用此定则。

具体判断方法：平展左手手掌，拇指与四指垂直并在一个平面上，让磁力线穿过手心（手心对 N 极），四指指向电流方向，则拇指所指的方向就是导体受力方向（图 10-5）。

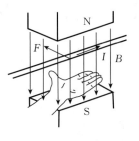

图 10-5　左手定则

四、整流电路

把交流电转变为直流电的方法称为整流，实现整流的电路称为整流电路，其中关键元件是整流元件。目前大多采用半导体二极管作为整流元件，它具有结构简单、体积小、重量轻、效率高、寿命长、价格便宜等优点。

整流电路的任务是将交流电变换成直流电。完成这一任务主要靠二极管的单向导电作用，因此二极管是构成整流电路的关键元件。常见的整流电路有半波、全波、桥式和倍压整流；单相和三相整流等。

第十一章　渔船电机与电力拖动系统

第一节　直流电机的工作原理

一、直流发电机的工作原理

最简单的直流发电机工作原理见图 11-1。在静止的磁极 N 与 S 之间，有一个转动的圆柱形铁芯，其上紧绕着一匝线圈。线圈的两端分别接在两个相互绝缘的铜片（组成一换向器，其中每一个铜片称为换向片）上，换向器上放置着固定不动的炭刷。铁芯、铜圈及换向器所组成的旋转部分称电枢。当电枢被原动机驱动后，导线便切割磁力线产生感应电动势，其方向见图 11-1。此时电流由电刷 A 流出，经过负载电阻然后由电刷 B 流进。当导线 Z 从 N 极范围转入 S 极范围时，线圈中的电动势改变方向。但由于换向器随同电枢一起旋转，使得电刷 A 总是接通 N 极下的导线，而电刷 B 总是接通 S 极下的导线，故电流仍然由 A 流出、由 B 流进，即 A 永为正极、B 永为负极，因而外电路中的电流方向不变。

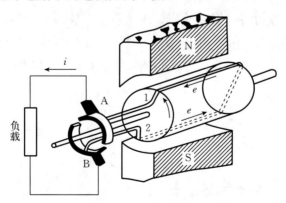

图 11-1　最简单的直流发电机工作原理

依靠换向器虽然能把线圈内的交变电动势在电刷间变换为方向不变的电动势，但它的大小仍然是脉动的，如想获得方向和数值上均为恒定的电动势，则应把电枢铁芯上的槽数和线圈数目增多，同时换向器上的换向片数也要相应增加。

二、直流电动机的工作原理

直流电动机的构造与直流发电机基本相同，但在使用时需把它的电刷和
直流供电线连接（图 11-2）。此时电流
由电刷 A 流进、由电刷 B 流出，由于
载流导线在磁场中受到电磁力作用，
故电枢产生一电磁转矩。运用左手定
则可以确定出电枢应按逆时针方向转
动。当导线 l 从 N 极范围内转入 S 极范
围时，依靠换向器的作用，导线 l 中的
电流方向也同时改变。因而电动机的
转矩方向不变，故能连续不停地旋转。

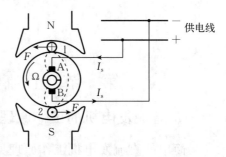

图 11-2　直流电动机工作原理

综上所述，同一直流电机既可输入机械能而输出电能作为发电机运行，
也可输入电能而输出机械能作为电动机运行。

第二节　变压器的基本结构与工作原理

一、变压器的基本结构和铭牌数据

一个变压器的基本结构和符号见图 11-3。它有一个用以沟通回路的铁芯，
铁芯采用相互绝缘的薄硅钢片叠成。在铁芯上安放两个由绝缘铜线绕制的线
圈；与电源（或输入信号）相连接的线圈称为原边绕组，也称初级绕组；与
负载连接输出电压（或信号）的线圈称为副边绕组，又称为次级绕组。

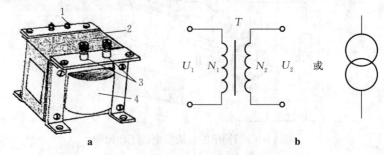

图 11-3　变压器的基本结构和符号

a. 变压器基本结构　b. 变压器符号

1. 出线　2. 铁芯　3. 进线　4. 绕组

变压器根据冷却方式不同，常分为两种：①利用其自身周围空气流通而自行冷却的干式变压器；②将变压器浸在变压器油中，利用油的对流进行冷却的湿式变压器。为了避免变压器可能带来的火灾隐患，目前船舶电力系统中都采用干式变压器。

变压器的铭牌上标注有一些表征其性能的额定参数。主要有：

（1）额定容量　为变压器的额定视在功率，单位为伏安（VA）或千伏安（kVA）。由于变压器的效率较高，通常原副边的额定容量可认为近似相等。

（2）额定电压 U_1/U_2　U_1 为原边输入电压（即电源电压）的额定值；U_2 是在原边接额定电压副边开路时，其输出的端电压。对于三相变压器，U_1、U_2 均为线电压。

（3）额定电流 I_1/I_2　分别为原、副边的额定电流值。

此外，变压器铭牌上通常还标注有额定频率、额定效率、温升、空载损耗等参数。

二、变压器的工作原理

单相变压器工作原理见图 11-4。

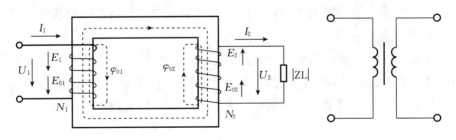

图 11-4　单相变压器工作原理

1. 变压原理

设一次绕组和二次绕组的匝数分别为 N_1 和 N_2。如果忽略漏磁通，可以认为穿过一次绕组和二次绕组的主磁通相同，所以这两个绕组每匝所产生的感应电动势也相等。

一次绕组与电源相接，如果将绕组电阻忽略不计，感应电动势 E_1 与加在绕组两端的电压 U_1 近似相等，即 $U_1=E_1$。二次绕组相当于一个电源，如果也将绕组电阻忽略不计，则有 $U_2=E_2$。由此可得：

$$U_1/U_2 = E_1/E_2 = N_1/N_2$$

这种忽略绕组电阻和各种电磁能量损耗的变压器称为理想变压器。

上式表明，理想变压器一次、二次绕组端电压之比等于绕组的匝数比。匝数比又称变比。

当 $N_1 > N_2$ 时，$U_1 > U_2$，变压器使电压降低，这种变压器称为降压变压器。

当 $N_1 < N_2$ 时，$U_1 < U_2$，变压器使电压升高，这种变压器称为升压变压器。

若 $N_2 = N_1$，则 $U_2 = U_1$，变压器变比为 1，虽然这种变压器并不改变电压，但它可以将用电器与电网隔离开来，所以称为隔离变压器。

2. 变流原理

变压器在工作过程中，无论变换后的电压是升高还是降低，电能都不会增加。根据能量守恒定律，理想变压器的输出功率 P_2 应与变压器从电源中获得的功率 P_1 相等。当变压器只有一个二次绕组时，应有如下关系：$I_1 U_1 = I_2 U_2$，因而得到：

$$\frac{I_1}{I_2} = \frac{U_2}{U_1} = \frac{N_2}{N_1}$$

上式表明，变压器工作时，一次、二次绕组中的电流跟匝数成反比。

3. 同名端的测量

实际工作中，变压器串、并联运行，如线圈绕向不符合要求，会造成严重后果。在实际操作中，把线圈绕向一致，而产生感应电动势的极性始终保持一致的端点称为同名端，一般用"·"或"＊"号表示（图 11-5）。

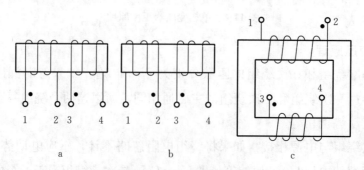

图 11-5　变压器同名端

可用直流法来测定同名端。具体做法：准备一只电池（或电池组），一只直流毫伏表，按图 11-6 直流法测变压器同名端接线。

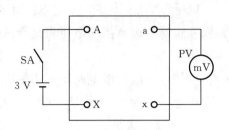

图 11-6　直流法测变压器同名端

当接通 SA 的瞬间，毫伏表表针正向偏转，则毫伏表的正极、电池的正极所接的为同名端；如果表针反向偏转，则毫伏表的正极、电池的负极所接的为同名端。注意断开 SA 时，表针会摆向另一方向；SA 不可长时接通。

三、仪用互感器

仪用互感器是一种特殊的双绕组变压器，有电压互感器和电流互感器两种。使用互感器的目的：①使测量仪表与被测高电压电路隔离，以减小相互影响并保障安全；②扩大测量仪表的量程，可以使用小量程的电流表测量大电流，用低量程电压表测量高电压。互感器除了用于测量电流和电压外，还用于各类继电保护装置的辅助检测设备。

1. 电压互感器

电压互感器使用时，将匝数较多的原边绕组（也称高压绕组）并联于被测电网，而匝数较少的副边绕组连接电压表或其他仪表（如功率表）的电压线圈（图 11-7）。由于电压表及其他仪表电压线圈的阻抗值相当高，因此电压互感器使用时相当于一台空载运行时的变压器，而它也是按这一特点设计制造的，所以电压互感器在使用时副边不能短路。

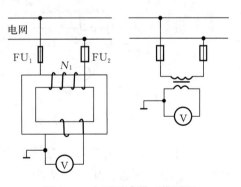

图 11-7　电压互感器工作原理

电压互感器的副边绕组及外壳必须接地。这主要是为了防止一旦高、低绕组间的绝缘损坏而使低压绕组和测量仪表对地出现高电压，危及人员和设备的安全；另一方面也是为了防止静电荷积累而影响测量精度。此外，还必须在高压侧装接熔断器，以防止电压互感器意外损坏时影响被测电网。

电压互感器高压侧的额定电压有多种不同规格，而低压侧一般均为 100 V。如果互感器副边所接的电压表是与其配套的，则表上所指示值即被测电压的实际值。

例如，一般船舶电站所使用的电压互感器，当原边电压为 0～400 V 时，其副边电压则为 0～100 V，而电压表上读数则为 0～400 V。

2. 电流互感器

电流互感器的原边绕组通常只有几匝甚至一匝，用粗导线或铜排绕制，而副边绕组的匝数较多，导线也较细，因此它相当于一个升压变压器。使用时将原边绕组串接于被测主电路中，而副边绕组与测量的电流表等连接（图 11-8）。根据变压器的原、副边电流关系式 $I_1 = I_2/K$ 可知。当原边被测电流变化时，副边电流也随之按比例变化。同电压互感器一样，电流互感器原边额定电流（即被测电流）有各种不同的等级，而副边一般均为 5A 或 1A，当电流表与之配套时，则表的指示值即被测电流的实际值。

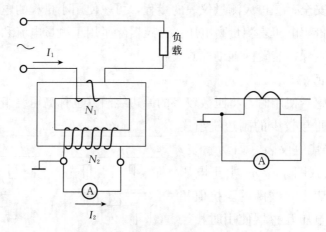

图 11-8　电流互感器的工作原理

由于电流互感器的原边绕组是串接于被测电路中的，因此其原边绕组中电流的大小取决于被测电流的大小，而不受副边电流大小的影响。正常工作时，由于副边所接电流表（或功率表的电流线圈）的阻抗很小，副边绕组中有一定的电流流过，从而产生磁势，使原、副边绕组产生的磁势基本抵消，铁芯中磁通很小。但是一旦将副边绕组开路，则此时原边被测的大电流即成为互感器的空载励磁电流，其产生的磁势将使铁芯中的磁通剧增，这将使副边绕组中产生极高的感应电势，可能击穿绝缘并危及人员及设备的安全，同时也会因铁芯中的铁损的剧增而使铁芯迅速发热，致使互感器烧毁。因此，电流互感器在使用时切不可将副边绕组开路，而副边绕组中也绝不允许接熔断器，电流互感器的副边及外壳必须接地；在带电情况下拆装副边所接的仪表时，必须先将副边绕组短路。

第三节 异步电动机

一、异步电动机的概述

交流异步电动机可将交流电能转换为机械能，从而拖动机械负载。与直流电机及其他电动机相比较，异步电动机具有结构简单、启动方便、运行可靠、价格低廉、维护保养方便等优点。目前，船舶上几乎所有的甲板机械及机舱辅机动力电动机都采用三相鼠笼式异步电动机，而对于一些需要进行变速控制的拖动设备，如起货机、锚机等，目前也正逐步采用三相异步电动机来替代其他动力设备。

异步电动机的主要缺点是必须从电网吸收滞后的无功功率，而轻载时功率因数较低，这对船舶电网以及发电机的运行较为不利。

二、三相异步电动机的结构和铭牌数据

1. 三相异步电动机的基本结构

三相异步电动机按照转子结构形式不同，分为鼠笼式和绕线式两种，船舶上大多采用鼠笼式。图11-9为一台三相鼠笼式异步电动机的结构分解图。鼠笼式异步电动机主要由静止不动的定子和可以旋转的转子两个基本部分组成。定子和转子之间有一很窄的空气隙。此外，还有支撑转子的端盖等。

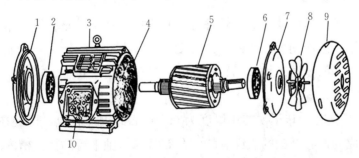

图11-9 三相鼠笼式异步电动机的结构

1.端盖 2.轴承 3.机座 4.定子绕组 5.转子 6.轴承 7.端盖
8.风扇 9.风罩 10.接线盒

（1）定子　三相异步电动机的定子主要是用来产生旋转磁场。它由机座（外壳）、定子铁芯和定子绕组三部分组成。

① 机座与端盖：机座是用来安装定子铁芯和固定整个电动机用的，一般用铸铁或铸钢制成。机座也是散热部件，其外表面有散热片。端盖固定在机座上，端盖上设有轴承室，以放置轴承并支撑转子。

② 定子铁芯：是电动机磁路的一部分，由于异步电动机中产生的是旋转磁场，该磁场相对定子以一定的同步转速旋转，定子铁芯中的磁通的大小及方向都是变化的。

③ 定子绕组：是定子中的电路部分。定子绕组为三相绕组，即三个完全相同的独立绕组，一般采用漆包线绕制。

定子绕组在电动机接线盒上的两种接线方法见图 11-10。

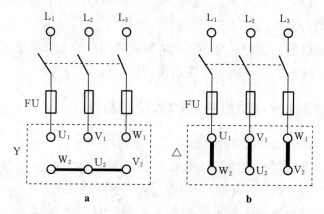

图 11-10　定子绕组在电动机接线盒上的两种接线方法

a. 定子绕组作星形连接　b. 定子绕组作三角形连接

（2）转子　是电动机的旋转部分，其作用是在旋转磁场的作用下获得一个转动力矩，以带动生产机械一同转动。异步电动机的转子有鼠笼式和绕线式两种形式。两种转子均包括转子铁芯、转子绕组、转轴、轴承、滑环（仅限绕线式中有）等。

① 转子铁芯：转子铁芯用厚度为 0.5 mm 硅钢片叠成，压装在转轴上，以此片叠成的铁芯外圆的表面有均匀分布且与转轴平行的槽，槽内嵌放转子绕组。

② 鼠笼式转子绕组：由裸铜条或铸铝制成。铜条绕组是把裸铜条插入转子铁芯槽内，两端用两个端环焊成通路。铸铝绕组是将铝熔化后浇铸到转

子铁芯槽内，两个端环及冷却用的风翼也同时铸成。一般小型笼式异步电动机都采用铸铝转子。

（3）气隙　异步电动机的定子与转子之间有一很窄的空气隙。中小型异步电动机的气隙一般为 0.2~1.0 mm。气隙的大小直接关系到电动机的运行性能。通常，气隙越小，电动机磁路中的磁阻越小，产生一定量磁通所需要的励磁电流就小，电动机运行性能越好。

2. 三相异步电动机的铭牌数据

在每台电动机的外壳上都有装有一块铭牌，该铭牌上标注有这台电动机的主要技术数据。数据主要包括：① 型号；② 额定电压；③ 额定电流；④ 额定功率因数；⑤ 额定功率；⑥ 额定频率；⑦ 额定转速；⑧ 工作方式；⑨ 接法。

三、三相异步电动机的工作原理

1. 定子旋转磁场的产生

以两极三相异步电动机为例（图 11-11），三相异步电动机的定子绕组是结构完全相同的三相绕组，三相绕组的首、末端分别用 U_1-U_2、V_1-V_2、W_1-W_2 表示，在制作时三相绕组沿定子铁芯内圆周均匀而对称地放置在内。所谓对称，即三相线圈的首端（或末端）在定子内圆周上彼此相隔 120°（图 11-11a）。为分析方便，每相绕组用一匝线圈代替，三相绕组将分布在六个槽口中。三相线圈根据需要可以接成星形或者三角形，图 11-11b 将它们作星形连接（把三个末端 U_2、V_2、W_2 并接在一起）。

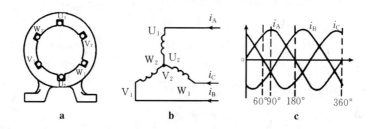

图 11-11　三相异步电动机的定子绕组和电流

$\omega t = 0$ 时，$i_A = 0$，U 相绕组中没有电流；i_B 是负值，即 V 相绕组中电流由 V_2 端流进，V_1 端流出；i_C 为正值，即电流从 W_1 端流进，W_2 端流出。根据右手螺旋定则，可确定合成磁场磁轴的方向（图 11-12a）。

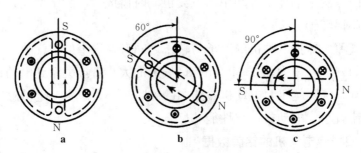

图 11-12　二极旋转磁场

$\omega t = 60°$ 时，$i_C = 0$；i_A 为正值，电流由 U_1 端流进，U_2 端流出；i_B 为负值，电流由 V_2 端流进，V_1 端流出，此时合成磁场见图 11-12b。相比 $\omega t = 0$ 时刻，合成磁场在空间按逆时针方向旋转了 60°。

$\omega t = 90°$ 时，i_A 为正值，而 i_B、i_C 均为负值，同理可得合成磁场的方向图 11-12c。与 $\omega t = 0$ 时刻相比，合成磁场在空间按逆时针方向旋转了 90°。由此可见，随着定子绕组中的三相电流随时间不断变化，它所产生的合成磁场则在空间不断地旋转，这就是旋转磁场。这种旋转磁场如同一对磁极在空间旋转所起的作用是一样的。

2. 旋转磁场的转向

将相序为 A→B→C 的三相电压对磁场转动方向是由三相绕组中所通入电流的相序决定的。若要改变旋转磁场的转向，只需把接入定子绕组的电源相序改变即可。

3. 旋转磁场的转速与磁极对数之间的关系

在两极（一对磁极）旋转磁场的分析中我们知道，当定子绕组中电流变化一周时，旋转磁场转了一周，若电流的频率为 f_1，则电流每秒变化 f_1 周，旋转磁场的转速为 f_1 r/s。通常转速是以每分钟转数（r/min）计算，若以 n_0 表示旋转磁场的转速，则当 $f_1 = 50$ Hz 时，旋转磁场的转速为 3 000 r/min。

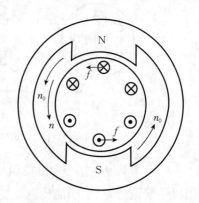

图 11-13　异步电动机的转动原理

4. 异步电动机的转动原理

异步电动机的转动原理见图 11-13。

转子转动的方向与旋转磁场方向相同，当旋转磁场方向反向时，电动机的转子也跟着反转。异步电动机的转动是基于电磁感应，故又称为感应电动机。

5. 异步电动机的转差率

设旋转磁场和转子相对静止的空间的转速分别为 n_0、n，则旋转磁场对转子的相对转速差为 $\Delta n = n_0 - n$，它与同步转速 n_0 的比值称为异步电动机的转差率，用 s 表示，则有：

$$s = n_0 - n / n_0$$

转差率常用百分率表示，即

$$s = (n_0 - n / n_0) \times 100\%$$

四、三相异步电动机的工作特性

① 异步电动机具有硬的机械特性，即随着负载的变化而转速变化很少。

② 异步电动机具有较大的过载能力。

③ 异步电动机的最大转矩与转子电路的电阻 R 无关，而到达最大转矩时的转差率 s 则与转子电路的电阻 R 成正比。

④ 异步电动机的电磁转矩与加在定子绕组上的电源电压的平方成正比。

五、三相异步电动机的启动、调速、反转与制动

1. 启动

（1）直接启动　中小型鼠笼式电机直接启动电流为额定电流的 $5 \sim 7$ 倍，启动电流大。

（2）降压启动　① 星形－三角形（Y－△）降压启动。② 自耦变压器（启动补偿器）降压启动。③ 线绕式转子串电阻启动。

2. 调速

在一定的负载下，三相异步电动机的转速为：

$$n = 60 f / p \times (1 - s)$$

改变转速的方法有两种类型：

（1）改变转差率调速　降低定子电压和绕线转子电路串电阻的调速。

（2）改变同步转速调速　改变磁极对数和改变定子电源频率的调速。

3. 反转

只要把接到电动机上的三根电源线中的任意两根对调一下，旋转磁场就反向旋转，则电动机便反转。

4. 制动

电动机的基本制动方式有以下三种。

（1）能耗制动　当切断开关使电动机脱离三相电源后，可立即把开关扳到向下位置，使定子绕组中通过直流电流。于是在电动机内便产生一个恒定的不旋转的磁场，此时转子由于机械惯性继续旋转，因而转子导线切割磁力线，产生感应电动势和电流。载有电流的导体在恒定磁场的作用下，受到制动力 FB，产生制动转矩 TB，使转子迅速停止。这种制动方法就是把电动机轴上的旋转动能转变为电能，消耗在电阻上，故称为能耗制动。

（2）再生制动　异步电动机运行时，当其转子转速 n 高于定子旋转磁场的同步转速 n_0 时，转子绕组切割定子旋转磁场的方向将会改变，从而使电磁转矩的方向改变而成为与转子方向相反的制动转矩，电动机进入再生制动状态运行。再生制动时，电动机的转差率 $s < 0$。

（3）反接制动　当电动机电源反接后，旋转磁场便反向旋转，转子绕组中的感应电动势及电流的方向也都随之而改变。此时转子所产生的转矩为一制动转矩，电动机的转速很快地降到零。当电动机的转速接近于零时，应立即切断电源，以免电动机反向旋转。反接制动时电机中的电流很大，所以一般须在定子电路（对鼠笼式）或转子电路（对线绕式）中串入电阻，以限制制动时的电流。反接制动时，电动机的转差率 $s > 1$。

第四节　控制电机及其在渔船上的应用

控制电机是自动控制系统中应用范围非常广泛的旋转电器，在船舶控制系统中也得到了广泛应用。例如船舶雷达的自动定位、方向舵的自动操纵与监测、传令用电车钟、调速装置等都要使用控制电机。

控制电机种类很多，根据它们在自动控制系统中的作用，可分为执行元件和测量元件两大类。执行元件主要包括交、直流伺服电动机，步进电动机等，它的任务是将输入的电信号转换成轴上的角位移或角速度的变化；测量元件主要包括交、直流测速发电机，自整角机等，可以用来测量机械转角、转角差和转速等。

一、伺服电动机

伺服电动机在控制系统中是用作驱动控制对象的执行元件，它的转矩和转速受信号电压的控制。

特点：当有电信号（交流控制电压或直流控制电压）输入到伺服电动机的控制绕组时，它就马上拖动被控制的对象旋转；当电信号消失时，它就立即停止转动。

伺服电动机分为交流和直流两种类型。

1. 交流伺服电动机

交流伺服电动机实际上是两相异步电动机。其基本结构和一般异步电动机相似。定子铁芯上装有空间相隔90°的两个绕组：①励磁绕组；②控制绕组。

伺服电动机的转子有鼠笼式转子和杯形转子两种。

2. 直流伺服电动机

直流伺服电动机的结构与直流电机相同。根据获得磁极磁场形式的不同，常用的直流伺服电动机的结构形式有直流永磁式和电磁式两种。

永磁式的磁极为永久磁铁，采用具有矫顽磁力和剩磁感应强度值很高的稀土永磁材料组成。

电磁式伺服电动机如同他励直流电动机，它的励磁绕组和电枢分别有两个独立电源供电。为了减小转动惯量，使其响应迅速，直流伺服电动机的电枢都被做成细长形。

二、测速发电机和电动转速表

测速发电机的功能是将机械转速信号转换为电压信号输出。它在自动控制系统中用来测量和调节转速，在反馈系统中常用来稳定转速。

测速发电机有直流测速发电机和交流测速发电机两种类型。

结构特点与运行原理：交流测速发电机的结构和交流伺服电动机相同，其转子有鼠笼式和空心杯转子两种类型，但鼠笼转子特性差，目前大多数采用空心杯形转子。定子上放置两套空间相差90°的绕组，一个是励磁绕组，另一个是输出绕组。工作时，励磁绕组接在恒定的交流电源上（无须串联电容），产生脉动磁场。当转子由某种设备拖动旋转时，输出绕组将有感应电压输出，感应电压与转子转速成线性正比例关系。

船舶上常用测速发电机（直流或交流）、转速指示仪和接线箱等组成远距离转速测量和监视系统。以船舶主机的转速测量为例，测速发电机的转子通过联轴器、齿轮或链轮链条与主机凸轮轴或尾轴连接。几个并联的转速指示表分别安装在机舱、集控室、驾驶室和轮机长室。转速表内设有调节电阻，以适配不同距离的应用场合之需。

三、自整角机

在同步传动系统（即转角随动系统）中，为了实现两个或两个以上相距很远而在机械上又互不联系的转轴进行同步角位移或同步旋转，常采用电气上互相联系并具有自动整步能力的电机来实现转角的自动指示或同步传递，这种电机称为自整角机。在自整角构成的同步传动系统中，自整角机至少是两个或两个以上组合使用。其中一个自整角机与主动轴相联称为发送机，另一个与从动系统相联称为接收机。通常发送机和接收机的型号和结构完全相同。

自整角机按其在同步传动系统使用要求的不同分为力矩式自整角机和控制式自整角机。自整角机又分单相和三相两种。

1. 力矩式自整角机

力矩式自整角机的接线方式见图 11-14。

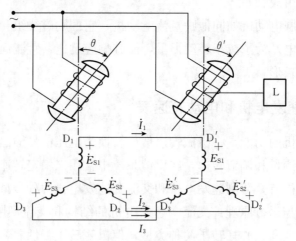

图 11-14　力矩式自整角机的接线方式

2. 控制式自整角机

在实际应用中，常会遇到一台发送机同时带动几台接收机并联运行，如船舶上的舵角指示器等。由于力矩式自整角机的输出转矩一般很小，通常只能带动指针类型的负载。因此，为了提高自整角系统的负载能力和精确度，常采用另一种自整角系统，这种系统采用控制式自整角机。控制式自整角机的接线方式见图 11-15。

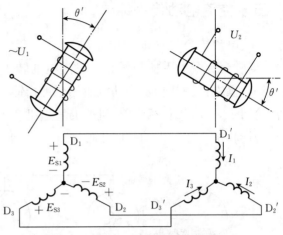

控制式自整角机是把力矩式接收机的转子绕组从电源上断开，作为输出绕组。其基本功能是发送机接收到某一系统的机械

图 11-15　控制式自整角机的接线方式

转角信号后，将其转换为接收机的电压信号输出。

四、舵角指示器

舵角指示器是用以反映舵叶偏转角的装置，是由力矩式自整角机组成的同步跟踪系统（图 11-16）。发送机安装在舵机上，其转子与舵柱机械连接；而多台接收机（图中只画出 1 台）分别安装在驾驶室、机舱操纵室等处，其转子带指针偏转，指针也就随舵叶同步偏转，它在刻度盘上所指示的角度即舵叶偏转的角度。

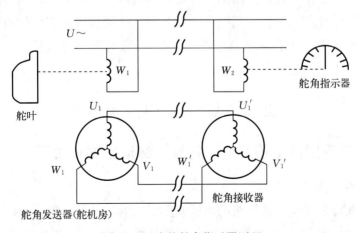

图 11-16　交流舵角指示器原理

五、交流电动传令钟

交流电动传令钟（也称电车钟）由两套力矩式自整角机组成（图 11-17）。驾驶台传令钟手柄与驾驶台发送机的转子机械连接，对应的接收机安装在机舱操纵台。其转子带动机舱传令钟指针同步偏转；另一套自整角机用于机舱回令系统，回令手柄与机舱的发送机 2 机械连接，驾驶台回令指针由驾驶台接收机 2 转子带动作同步偏转。

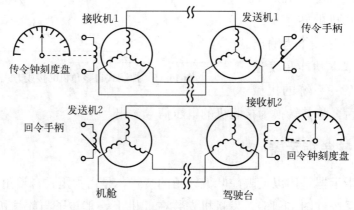

图 11-17　交流电动传令钟

当驾驶台向机舱发送车令时，将手柄扳至所需车速位置，使发送机转子转过一个相应的角度，机舱传令钟的指针在接收机的转子带动下也同步偏转一个角度，从而将驾驶台发出的车令传送到机舱。机舱回令时，将机舱回令手柄扳至传令钟所指位置，驾驶台的回令指针也同步偏转相应的角度，使指针指到驾驶台传令钟手柄所在的位置。另外，还装有声光信号电路，在驾驶台发令时接通，机舱回令正确后关断。

第五节　渔船常用控制电器

一、常用控制电器的电路符号、结构原理和功用

1. 主令电器

主令电器是切换控制线路的单极或多极电器，其触头容量小，不能切换主电路。主令电器主要包括按钮、万能转换开关、行程开关、主令控制器等。

(1) **按钮开关** 按钮开关通常用来接通或断开控制电路,从而控制电动机或其他电气设备的运行(图 11-18)。

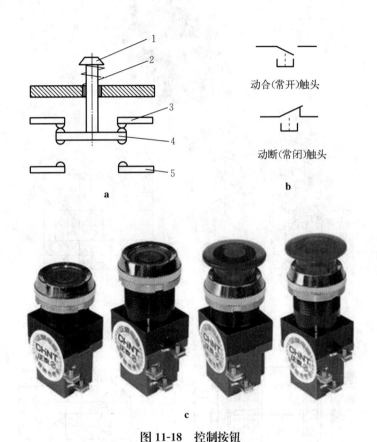

动合(常开)触头

动断(常闭)触头

a   b

c

图 11-18 控制按钮

a. 结构示意图　b. 图形符号　c. 实物

1. 按钮　2. 复位弹簧　3. 常闭静触头　4. 动触头　5. 常开静触头

(2) **组合开关** 又称转换开关,是一种多路多级并可以控制多个电气回路通断的主令开关(图 11-19)。

(3) **行程开关** 行程开关又称限位开关,是利用机械运动部件的碰撞或接近来控制其触头动作的开关电器。常用形式有按钮式和转臂式两种(图 11-20)。

(4) **主令控制器** 是一种多位置多回路的控制开关,适合于频繁操作并要求有多种控制状态的场合,例如起货机、锚机和绞缆机的控制等(图 11-21)。

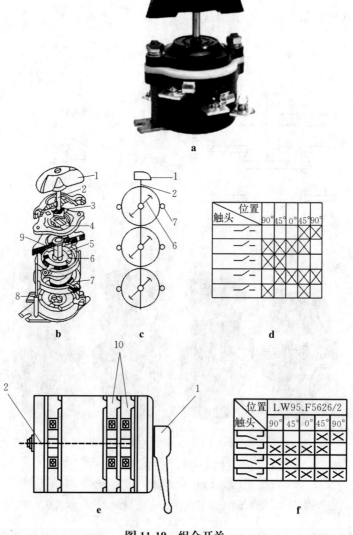

图 11-19　组合开关

a. 实物　b. 结构图　c. 示意图　d. 触头通断表　e. LW95 组合开关示意图　f. LW95 组合开关触头通断表

1. 手柄　2. 转轴　3. 弹簧　4. 凸轮　5. 绝缘垫　6. 动触片　7. 静触片

8. 接线柱　9. 绝缘杆　10. 触头系统

2. 熔断器

低压熔断器是低压配电系统中起安全保护作用的一种电器，广泛应用于电网保护和用电设备保护。主要作短路保护，有时也可起过载保护作用。

熔断器按结构可分为开启式、半封闭式和封闭式三种。封闭式熔断器又分为无填料管式、有填料管式和有填料螺旋式等（图 11-22）。

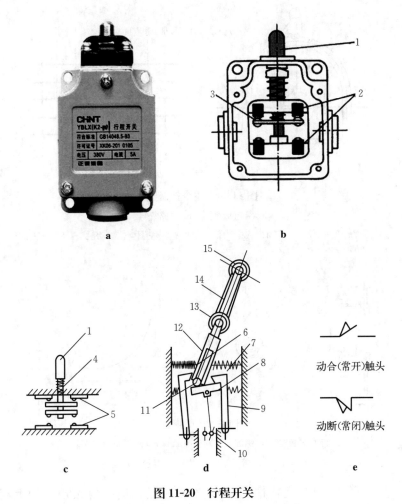

图 11-20　行程开关

a. 实物　b. 直动式行程开关　c. 按钮式行程开关　d. 转臂式行程开关　e. 电路符号

1. 推杆　2. 静触点　3. 动触点　4. 反力弹簧　5，10. 触头　6. 压缩弹簧　7. 恢复弹簧
8. 横板　9. 压板　11. 滑轮　12. 下转臂　13. 盘形弹簧　14. 上转臂　15. 滚轮

(1) 熔断器的选用

① 电灯支路：熔体额定电流≥支路上所有电灯的工作电流之和。

② 单台直接启动电动机：熔体额定电流＝（1.5～2.5）×电动机额定电流。

③ 配电变压器低压侧：熔体额定电流＝（1～1.2）×变压器低压侧额定电流。

(2) 熔断器使用时的注意事项　① 根据各种电器设备用电情况（电压

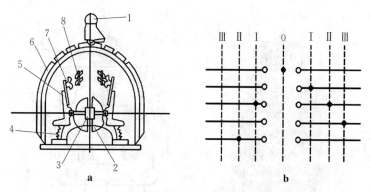

图 11-21　主令控制器

a. 结构示意图　b. 电路符号

1. 手柄　2. 凸轮　3. 转轴　4. 弹簧　5. 曲臂　6. 壳体　7. 动触头　8. 静触头

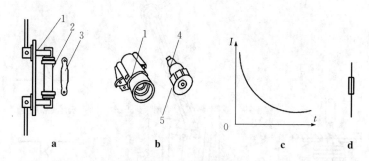

图 11-22　熔断器

a. 管式熔断器　b. 螺旋式熔断器　c. 保护特性　d. 电路符号

1. 底座　2. 熔管　3. 熔片　4. 熔芯　5. 瓷帽

等级、电流等级、负载变化情况等），在更换熔体时，应按规定换上相同型号、材料、尺寸、电流等级的熔体。② 按线路电压等级选用相应电压等级的熔断器，通常熔断器额定电压不应低于线路额定电压。③ 根据配电系统中可能出现的最大短路电流，选择具有相应分断能力的熔断器。④ 在电路中，各级熔断器应相应配合，通常要求前一级熔体比后一级熔体的额定电流大 2～3 倍，以免发生越级动作而扩大停电范围。⑤ 不能随便改变熔断器的工作方式，在熔体熔断后，应根据熔断管端头上所标明的规格，换上相应的新熔断管。不能用一根熔丝搭在熔管的两端，装入熔断器内继续使用。⑥ 作为电动机保护的熔断器，应按要求选择熔丝，而熔断器只能作电动机主回路的短路保护，不能作过载保护。⑦ 在下列线路中，不允许接入熔断器：接地线路；三相四线制的中性线路；直流电动机的励磁回路。

3. 接触器

接触器是利用电磁吸力原理用于频繁地接通和切断大电流电路（即主电路）的开关电器。

接触器按控制电流的种类，可分为交流接触器和直流接触器。两类接触器在触头系统、电磁机构、灭弧装置等方面均有所不同。

交流接触器的结构图和电路符号见图 11-23。它主要是由电磁铁和触点组两部分组成。

按状态的不同，接触器的触点分为动合（常开）触点和动断（常闭）触点两种。接触器在线圈未通电时的状态称为释放状态；线圈通电、铁芯吸合时的状态称为吸合状态。接触器处于释放状态时断开，而处于吸合状态时闭合的触点称为动合触点；反之称为动断触点。

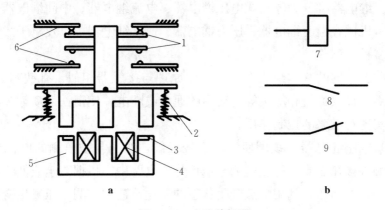

图 11-23 交流接触器

a. 结构示意图　b. 电路符号

1. 动触头　2. 反力弹簧　3. 短路环　4，7. 吸引线圈　5. 铁芯　6. 静触头

8. 动合（常开）触头　9. 动断（常闭）触头

动作原理：电磁线圈通电后产生电磁吸力，触头使其与触头闭合、与触头断开。当线圈断电时，动触头均复位。克服释放弹簧的阻力将衔铁吸下，衔铁带动衔铁被释放，在释放弹簧的作用下，衔铁和动触头均复位。

交直流接触器在电磁机构上有很大的区别，交流接触器的线圈铁芯和衔铁由硅钢片叠成，以减少铁损；而直流接触器的铁芯和衔铁可用整块钢。交流接触器的吸引线圈因具有较大的交流阻抗，故线圈匝数比较少，且采用较粗的漆包铜线绕制；相比之下，直流接触器的线圈匝数较多，绕制的漆包线较细。

为了消除交流接触器工作时的振动和噪声，交流接触器的电磁铁芯上必须装有短路环。图 11-24 为交流接触器上短路环的示意图。

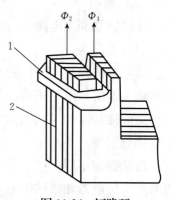

图 11-24　短路环
1. 短路环　2. 铁芯

4. 继电器

继电器是根据电量（如电流、电压）或非电量（如时间、温度、压力、转速等）的变化而通断控制线路的电器，常用于信号传递和多个电路的扩展控制。继电器触点容量小，只用于通断小电流电路，没有主、辅触头之分。带动触点运动部件体积小，重量轻，动作快，灵敏度高。继电器可分为电磁式电压继电器、电流继电器、中间继电器、时间继电器、机械式温度继电器、压力继电器、速度继电器，以及电子式各种继电器等多种类型。

电磁继电器的基本组成部分和工作原理与接触器相似，有铁芯、衔铁、电磁线圈、释放弹簧和触头等。线圈的通电或断电，使衔铁带动触头闭合或断开，实现对电路的控制作用。

（1）**电压继电器**　线圈匝数多、线径细，线圈与被监测的电压电路并联。其触头接在需要获得被监测电压信号的电路中。根据高于或低于被监测电压的整定值动作，利用触点开闭状态的变化传递被监测电压发生变化的信息，以实现根据电压变化进行的控制或保护。

（2）**电流继电器**　线圈匝数少、线径粗，线圈与被监测的电流电路相串联。根据电流的变化而动作，利用触头开闭状态的变化传递电流变化的信息，以实现根据电流变化进行的控制或保护。

（3）**中间继电器**　是一种中间传递信号的继电器，其电磁线圈并不直接感测电压或电流的变化，而是传递某信号的"有"或"无"。因此，它的电压线圈并联于恒定的电压上，由其他指令电器或信号检测电器控制它的通电或断电。中间继电器可有多组触头，其线圈匝数多、线径细，线圈电流远小于其触头允许通过的电流，利用它的多组触头来扩大信号的控制范围，实施多路控制，由于线圈与触头电流差别较大，故有以小控大的信号"放大"作用。

（4）**时间继电器**　是在电路中控制动作时间的继电器，具有接受信号后延时动作的特点。因此，这种继电器从接受动作指令信号到完成触头开闭状态的转换，中间有一定的时间延迟，从而实现延时控制。时间继电器按工作原理分类，有电磁式、空气阻尼式、电子式、电动式、钟摆式及半导体式等多种类型。根据其在线路中的动作要求，可分为四种类型。各类触头的动作要求及图形符号见表 11-1。

表 11-1　时间继电器各类触头的动作要求及图形符号

符 号 名 称	图 形 符 号
当操作器件被吸合时，延时闭合的动合触点	
当操作器件被释放时，延时断开的动合触点	
当操作器件被释放时，延时闭合的动断触点	
当操作器件被吸合时，延时断开的动断触点	

　　空气阻尼式电磁时间继电器是线圈通电延时的交流时间继电器，其结构原理见图 11-25。当电磁线圈 6 通电后，衔铁 7 立即被吸下，使其与活塞杆 9 脱离，释放弹簧 10 使活塞杆下移，但伞形活塞 11 的下移使被橡胶膜 12 密封隔绝的上气室的空气压力降低、下气室压力升高，形成对活塞的阻尼作用而缓慢下移，直到使杠杆 4 的一端触头微动开关 3 动作，才完成触头开闭状态的转换。微动开关 3 中间的动触点与上面的静触点构成"常开延时闭"、与下面的静触点构成"常闭延时开"的开关触头，其相应的触头电路符号见图 11-25a。该继电器还有一组不延时的瞬动触头（微动开关 15）。当线圈断电时，在释放弹簧 8 的作用下，衔铁方即释放，因上气室有放气阀 13，故各触头能立即复原。用针阀式螺钉 2 调节进气孔 1 的大小来整定延时长短。

　　根据不同的控制要求，这种时间继电器的铁芯和衔铁的上下安装位置可以方便地倒置（图 11-25b），这样就变成了断电延时继电器。断电延时继电器是当线圈通电时，各触头的开闭状态立即改变，而断电时则是延时复原。如常闭触点通电时立即断开，断电时延时闭合，所以它的触头是"常闭延时闭"和"常开延时开"，其电路符号见图 11-25。

5. 电磁制动器

电动机的机械制动是采用电磁制动器来实现的，常见的有圆盘式和抱闸

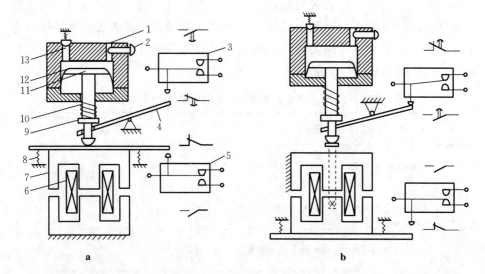

图 11-25　空气阻尼式时间继电器

a. 通电延时　b. 断电延时

1. 进气孔　2. 螺钉　3，5. 微动开关　4. 杠杆　6. 电磁线圈　7. 衔铁　8. 释放弹簧

9. 活塞杆　10. 释放弹簧　11. 伞形活塞　12. 橡胶膜　13. 放气阀

式两种。

（1）**圆盘式电磁制动器**　当电动机运转时，电磁刹车线圈通电产生吸力，将静摩擦片（即电磁铁的衔铁）吸住，而与动摩擦片脱开，使电动机可自由旋转（图 11-26a）。停车时，刹车线圈失电，静摩擦片被反作用弹簧紧压到安装在电动机轴上的动摩擦片上，产生摩擦力矩，迫使电动机停转（图 11-26b）。

（2）**抱闸式电磁制动器**　又称为电磁抱闸，其制动原理与圆盘式电磁制动器相仿。它由制动电磁铁和制动闸瓦制成。当制动电磁铁线圈通电时，产生吸力，使抱闸闸瓦松开，电动机便能自由转动；当线圈断电时，闸瓦在弹簧力作用下，将电动机闸轮刹住，使电动机迅速停转。

二、继电器、接触器、电磁制动器的参数整定

1. 继电器、接触器的主要技术参数

（1）**线圈额定电压**　接触器吸合线圈的额定工作电压。

（2）**额定电流**　触头的额定工作电流。

（3）**动作值**　继电器、接触器吸合线圈电压和释放电压。一般规定继电

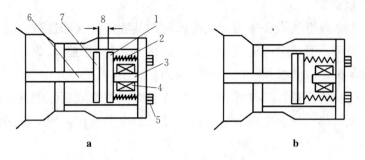

图 11-26 圆盘式电磁制动器

a. 松闸时 b. 制动时

1. 静摩擦片 2. 反力作用弹簧 3. 衔铁 4. 刹车线圈
5. 调节螺栓 6. 电机轴 7. 动摩擦片 8. 间隙

器、接触器在线圈额定电压 85％及以上时，应可靠吸合。释放电压不高于线圈额定电压的 70％。

2. 电磁制动器的参数整定

调整制动器外壳上的螺栓，可改变反作用弹簧制动力矩，但必须注意所有螺栓要均匀调节，否则会造成摩擦片至斜、气隙不均匀，出现噪声和振动。

圆盘式电磁制动器工作时静、动摩擦片之间的间隙通常为 2～6 mm。间隙过小，容易造成松闸时静、动摩擦片之间的擦碰；间隙过大，则在制动时会产生较大机械碰撞。

第六节　异步电动机常用控制电路

一、电动机的基本保护环节

在电力拖动系统设计时，不仅应保证设备在正常工作条件下安全运行，而且还应考虑到在异常情况下保证设备和人身的安全。为此，必须在系统中设置必要的保护环节。

最常见的电气保护环节有短路保护、过载保护、欠压、失压保护及缺相保护。

1. 短路保护

电流不经负载而直接形成回路称短路。常用的短路保护措施有：在电路中装设自动空气断路器（又称自动空气开关）、熔断器（俗称保险丝）等。

2. 过载保护

对于大多数电气设备来说，当电流超过其额定值（即过载）时，并不一定会立即损坏，但长时间的或严重的过载是不能允许的。因此，在电路中常装设过载保护，以防被保护电器因过载而损坏。

过载保护的原理：当被保护电器出现长时间过载或超强度过载时，利用过载时出现的热效应、电磁效应等使过载保护电器动作，使被保护设备脱离电源。

3. 失压（欠压）保护

失压（欠压）保护是依据接触器本身的电磁机构和启动按钮来实现的。当电源电压由于某种原因消失时，电动机会自动停车。当电源电压恢复时，电动机不会自动启动，只有在操作人员按下启动按钮后，电动机才可启动，这种保护称为失压保护。当电源电压过分降低（欠压）时，电动机为了维护电磁转矩满足负载转矩的需要，其电流必将增加，使电动机可能过载甚至烧毁。而此时由于电源电压过分降低，接触器反力弹簧的作用力大于电磁吸力时衔铁将释放，主触头断开，使电动机脱离电源，实现欠压保护。

4. 缺相保护

三相交流异步电动机运行时，任一相断线（或失电），均会造成单相运行，此时电动机为了得到同样的电磁转矩，定子电流将大大超过其额定电流，导致电机发热烧坏，电机缺相运行，还伴随着剧烈的电振动和机械振动。一般热继电器的发热元件串接在三相主电路的任意两相之中，在任一相发生断路（缺相）故障时，必然导致另两相电流的大幅度增加。

用于过载保护的电器：热继电器、过电流继电器、自动空气开关。

二、电动机控制电路的基本控制环节

根据生产机械对电力拖动的不同要求，控制线路的结构形式有所差异，但是它们均由一些基本的控制环节并按一定的规律组合而成。

1. 点动控制

有些生产机械拖动设备的运行需要操作人员在现场频繁调整和短时操作，即点动控制。如甲板舷梯起落设备、主机盘车机等。按下按钮 SB_1，接触器 KM 获电动作，接通主电路，电动机投入运转；而松开按钮 SB_1 时，接触器 KM 立即释放复位，电动机停转，从而实现了电动机的点动控制（图 11-27a）。

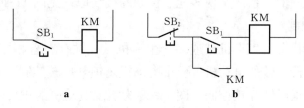

图 11-27　点动控制与连续控制

a. 点动控制　b. 连续控制

2. 连续控制

在点动控制的基础上，若将接触器 KM 的一对常开辅触头 KM 与启动按钮 SB_1 的触头并联，即成为"连续"控制（图 11-27b），辅触头 KM 被称为"自锁"（或"自保"）触头。交流磁力启动器对电动机进行直接启动控制就是连续控制方式。该方式中要解除"自锁"，必须按停车按钮 SB_2。

3. 行程控制

某些生产机械对运动部件的行程范围有一定限制，例如船舶舵机的左右舵角偏转必须限制在 35°以内；起货机提升机构必须防止吊索收尽而造成吊钩碰撞吊臂事故等。实现行程控制，应将开关安装在设限的位置上，其常闭触头 SQ_1、SQ_2 与控制线路中的停止控钮 SB_2 串联（图 11-28a）。当运动机械移动到极限位置时，行程开关的常闭触头 SQ_1、SQ_2 断开，电动机便停转。显然限位控制是避免生产机械进入异常位置的一种限位保护。

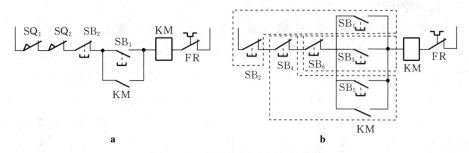

图 11-28　行程控制与多地点控制

a. 行程控制　b. 多地点控制

4. 多地点控制

有些生产机械要求能在两个或两个以上多地点进行控制。如机舱内许多泵的电动机不但要求能在泵附近进行起停控制，而且要求能在集控室进行遥控操纵。为此可将多地点启动按钮并接成"或"逻辑关系，多地点停车按钮串接成"与"逻辑关系。实现多地点控制的接线原理见图 11-20b。

5. 互锁控制

多种运动状态的生产机械或多个生产机械往往存在着相互制约的关系。如对于正在进行正转的电动机，要求电动机闭锁其反转控制，反之亦然。这就是电动机的正反转互锁控制，图 11-29 为实现电动机的正反转控制一个实例。线路中的接触器触头 KM_F 和 KM_B 构成了电动机正反转互锁保护，用于防止正、反转接触器 KM_F 和 KM_B 的同时动作。

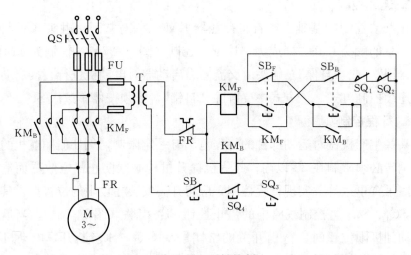

图 11-29 互锁控制

6. 连锁控制

对有些生产机械，需要两个或两个以上设备协调工作时，要求在设备 A 工作后，设备 B 才能工作；只有当设备 B 停止工作后，设备 A 才能停止工作。这是互为发生条件的连锁控制。例如船舶冷库中的蔬菜库控制，冷剂电磁阀打开前必须先运行风机；而风机停转必须在冷剂电磁阀关闭之后，以利于制冷过程中蔬菜库中的温度均匀，且蒸发器不结霜。图 11-30 为一种手动操作的连锁控制电路。电路中，接触器 KM_1 控制设备 A，KM_2 控制设备 B。KM_1 的常开辅触头串在 KM_2 的控制回路中，因此只有当 KM_1 获电动作后，KM_2 才有可能动作。而 KM_2 的常开辅触头 KM_2 与按钮 SB_3 并联，因此当 KM_2 获电处于运行状态时，KM_1 是不会失电停止工作的。

7. 双位控制

在许多无人管理的生产场合，常用到"双位"自动控制，例如船舶辅锅炉的高低水位控制、食品冷库的高低温度控制、空调压缩机的自动起停控制等。图 11-31a 是一种最简单的双位控制的单元电路，KM 的动作取决于开关 SP 的通断。开关 SP 可以是压力继电器、温度继电器或液位继电器的电触头，当被测介质（压力、温度或液位）处于低限位置时，触头 SP 闭合，继电器 KM 获电动作，由 KM 再去控制有关电器的工作。当被测介质达到高限位置时，触头

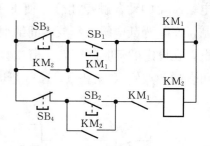

图 11-30　连锁控制

SP 断开，KM 失电复位。可以看到，双位控制是由开关 SP 来实现的。高、低限大小由开关 SP 的死区大小来决定，因此高、低限的差值不可能太大。在压力、液位等的双位控制中，通常使用组合式压力开关，此种压力开关有两对触头，一对是高压触头（为动断触头），一对是低压触头（为动合触头）。使用时按图 11-31b 所示的线路连接，被控对象的高限对应于压力开关 SP 的高压触头的断开值，而其低限则对应于压力开关 SP 的低压触头的闭合值。

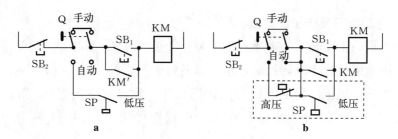

图 11-31　双位控制

a. 单元式双位控制　b. 组合式双位控制

8. 时间控制

船舶机舱泵的电机按照时间原则启动，很多控制电路需要实施时间控制，例如大容量三相交流异步电动机启动的 Y-△换接启动。从 Y 形接法启动改换到△形接法，根据电动机容量大小及负载程度，需 5～10 s；又如船上的燃油辅锅炉，点火时间通常设定为 5～10 s，在这段时间内如果点火不成功，则视为点火失败，发出警报。常用时间继电器实现时间控制，图 11-24 为时间控制典型电路。图 11-32a 为获电延时型时间控制，KT_1 为获电缓慢吸合时间继电器。当触点 KA_1 闭合时，时间继电器 KT_1 获电，在设定的延时时间后，衔铁吸合，相应触头动作，KT_1 的动断触点断开，使 KA_2 断

电；KT_1 的动合触点闭合，使 KA_3 获电。图 11-32b 为断电延时型时间控制，KT_2 为断电缓慢释放时间继电器。当 KA_1 断开时，时间继电器 KT_2 断电，在设定的延时时间后，衔铁释放，相应触头复位；图中 KT_2 延时回复闭合的触点使 KA_3 获电，KT_2 延时回复断开的触点使 KA_4 断电。

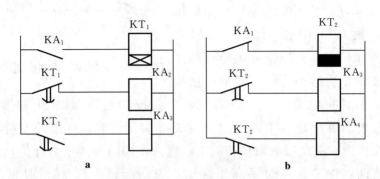

图 11-32　时间控制

a. 获电延时型时间控制　b. 断电延时型时间控制

三、异步电机的典型控制电路

1. 电动机正反转控制电路

电动机的正反转控制本质上是一种互锁控制。图 11-29 的互锁控制环节多见于机舱风机的正反转控制，正转时通风机向机舱送风，反转时从机舱抽风。风机电动机正反转的互锁控制是通过正、反转接触器 KM_F 和 KM_B 的辅触头 KM_F 和 KM_B 互相串联在对方的线路中来实现的，这是触头互锁方式。

2. 海（淡）水柜水位自动控制电路

图 11-33a 为通过压力双位控制实现的海（淡）水柜水位自动控制示意图。图中水柜为压力水柜，随着用水量的变化，水、气空间容积在变化，即液位高度和气压都在变化。水位上升，气的空间高度减小，气压增加，如果不考虑漏气损耗，气压大小显然是与水位高低成正比的，高限水位 H（H）对应着高限压力，低限水位 H（L）对应着低限压力。因此，对于像这样密封容器式的双位液位高度的控制，可以采用双位压力的控制方式。

当转换开关转到"自动"位置，如图 11-33b 中的正常水位时，即水位高于 H（L），低于 H（H），因 SP（H）闭合，SP（L）断开，接触器 KM

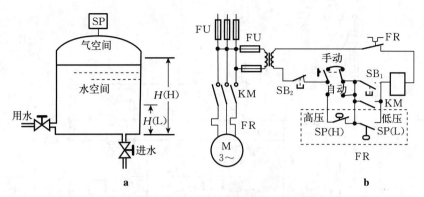

图 11-33 海（淡）水柜自动控制电路

a. 压力水柜示意图 b. 自动控制电路

线圈断电，水泵电机停转。随着用水量增加，水位高度和气压逐渐下降。当气压（水位）降到低限 H（L）以下时，压力继电器低压触点 SP（L）由正常水位的"开启"状态转换为"闭合"状态，水泵电机接触器 KM 线圈通电，其常开主触点闭合，水泵启动，向水柜补充水。当气压（水位）升高，并高于低限 H（L）时，虽然压力继电器 SP（L）触点打开，但由于接触器 KM 的自锁作用，KM 仍通电，所以水泵继续打水，直到气压（水位）升高到高限时，压力继电器高压触点 SP（H）断开，使接触器 KM 线圈断电，水泵电机停转。当水位再次降到高限以下时，虽然 SP（H）恢复闭合，但由于 SP（L）为"开启"状态，因此接触器 KM 线圈仍不能通电，直到水位再继续下降到低限时，SP（L）闭合，水泵方能重新启动打水。这一过程就是压力（水位）检测的双位闭环控制。

3. 空压机自动控制电路

图 11-34 是双位控制的另一典型例子——空压机的自动控制线路。

它的控制要求是：当主空气瓶内气压达到 2.5～2.8 MPa 高限值时，空压机必须停机；而当气压降低到 1.5～1.3 MPa 低限值时，空压机则要重新启动。

在手动控制时，先把"手动/自动"转换开关置于"手动"位置。然后合上隔离开关 QS，控制线路有电，空压机残气泄放电磁阀 YV_3 获电开启，泄放供气管中的残气，为空压机启动运行做准备。之后按动 SB_1（或 SB_3），继电器 KA 获电动作，触头 KA_1 自锁；冷却水电磁阀 YV_1 获电开启，冷却水进入空压机；待冷却水压力上升到正常值时，压力开关 SP _ w 闭合，接

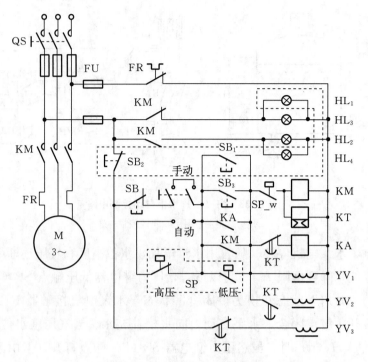

图 11-34　空压机的自动控制线路

触器 KM 获电动作，主触头、KM_1 闭合，空压机启动运行，KM_1 闭合自锁，同时时间继电器 KT 获电开始计时。延时时间到后，触头 KT 断开，继电器 KA 断电释放；触头 KT 闭合，供气电磁阀 YV_2 获电开启，向气瓶供气；同时触头 KT 断开，残气泄放电磁阀 YV_3 断电关闭。这里采用 KT 延时的目的是让空压机在空载情况下启动，以缩短启动时间。当气瓶的气压上升到高限值时，按动停机按钮 SB_2（或 SB_4），接触器 KM 断电复位，空压机停机，冷却水电磁阀 YV_1 断电关闭，残气泄放电磁阀 YV_3 获电开启，泄放残气。

　　当"手动/自动"转换开关置于"自动"位置时，空压机的启动和停机完全由组合式压力开关 SP 的高、低压触头来控制。从线路结构上看，压力开关 SP 的高压触头相当于手动操作的停机按钮 SB_4，而低压触头则相当于启动按钮 SB_1。因此，当自动控制，气瓶压力低于 SP 的低压动作值时，低压触头闭合，空压机启动；而当气瓶压力上升至 SP 的高压动作值时，高压触头断开，空压机停机。压力开关 SP 高、低压的调节范围为 0.6～3 MPa，一般空压机的高压压力整定在 2.5～2.8 MPa，低压压力整定在 1.5～

1. 8 MPa。

空压机控制线路中，除了有常规保护环节，如过载保护、短路保护、欠压保护、缺相保护等之外，还有冷却水压力保护环节，由冷却水压力继电器SP＿w来实现。当运行时出现冷却水断流或冷却水不通畅时，水压下降，SP＿w断开，KM失电，空压机自动停机，并发出声光报警（报警线路未画出）。有的空压机还有滑油压力保护环节。

第十二章 渔船发电机和配电系统

第一节 渔船电力系统的基本概念

一、渔船电力系统的组成与特点

1. 渔船电力系统

渔船电力系统是由电源装置、配电装置、电力网和负载组成并按照一定方式连接的整体，是船上电能产生、传输、分配和消耗等全部装置和网络的总称。其单线原理见图 12-1。

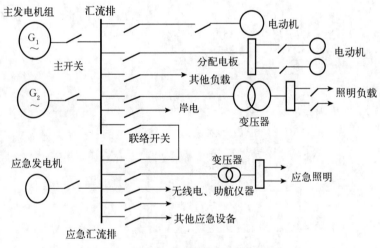

图 12-1 渔船电力系统单线原理

（1）电源装置 将其他形式的能（如机械能、化学能等）转换为电能的装置，包括发电机组和蓄电池组。由于柴油机热效率比较高、启动快、机动性好，因此在渔船上大多是采用柴油机为原动机的柴油发电机组，应急发电机也均采用柴油发电机组。

（2）配电装置 接受和分配电能的装置，也是对电源、电力网和用电设备进行保护、监视、测量、分配、转换和控制的装置。根据供电范围和对象的不同，配电装置可分为总配电板、动力分配电板、照明分配电板、应急配电板、蓄电池充放电板和岸电箱。

（3）电力网　船舶输电电缆和电线的总称，也是连接电源和负载的中间环节，以实现能量的转递和信息的处理。

（4）负载　即用电设备，是将电能转换成其他形式能量的装置。船舶负载大体可以分为如下几类：①甲板机械（如舵机、锚机、起货机、绞缆机等）；②舱室机械（如各类泵、空压机、通风机、冷藏设备等）；③船舶通信导航设备（如无线电收发报机、舵角指示器、电罗经、无线电测向仪、船内通信和广播用电等设备）；④船舶照明。

2. 渔船电力系统的特点

根据船用负载的特点，船舶电力系统的电站容量、连接方式、电压等级、配电装置等与陆上电力系统有着很大的差别。按驱动发电机的原动机形式分类，渔船发电机组有柴油发电机组、轴带发电机组等。

船舶电力系统大多采用多台同容量同类型的发电机组联合供配电的方式，以方便管理维护。正常航行时仅有 1 台或 2 台发电机向电网供电，但是要求船舶发电机组有较高品质的调速和调压装置来满足负载变化，在突发局部故障时也能保障船舶安全运行。船舶电网的输电距离短，线路阻抗低，各处短路电流大。短路电流所产生的电磁机械应力和热效应易使开关、汇流排等设备遭受损伤和破坏。因此，船舶输电电缆采用沿舱壁或舱顶走线，电缆的分支和转接均在配电板（箱）或专设的分线盒内完成，不允许外部有连接点。

二、渔船电力系统的基本参数

渔船电力系统的基本参数包括电流种类（电制）、额定电压和额定频率。

1. 电流种类（电制）

电流分直流和交流两种。早期船舶采用直流电制，主要是因为直流电力系统有许多优点，如直流发电机易于调压和并车、直流电动机启动冲击电流小、启动转矩大、调速性能好等。但直流电制在可靠性、经济性、可维修方面等不如交流电，特别是电子技术的发展突破了交流电力系统在调压、调频、并联运行等方面的难点，使交流电制占据了主要地位。现在几乎所有大中型渔船均采用交流电力系统。

2. 额定电压等级

我国交流船舶主电网额定电压为 380 V，照明电压为 220 V。电源额定电压约比电网电压高 5%。因此，380 V 动力系统的发电机额定电压为 400 V，照明电源额定电压为 230 V。

3. 额定频率

交流电力系统的额定频率标准一般沿用各国陆地上的频率标准。我国采用的频率为 50 Hz，一些国家如美国、日本等国采用 60 Hz 的频率标准。

三、渔船电网分类、配电方式、电力系统的线制

1. 渔船电网的分类

（1）动力电网　给电动机负载和大的电热负载供电的网络。负载可由主配电板、分配电板或分电箱供电。

（2）正常照明电网　由主变压器供电的照明网络。可通过主配电板的照明负载屏供电给照明分配电板、分电箱到照明灯具。

（3）应急电网（船长 45 m 以上渔船）　主电网失电时的应急供电网络，向特别重要的辅机、应急照明、各种信号灯，以及通信和导航设备供电。在正常情况下，应急电网可通过联络开关由主配电板供电。

（4）小应急电网　由 24 V 蓄电池组供电的网络。蓄电池组的容量应能满足连续供电 30 min。它向小应急照明、主机操纵台、主配电板前后及助航仪器设备等供电。

（5）弱电网　向全船无线电设备、各种助航设备、船内通信设备以及信号报警系统供电的网络。

2. 渔船电网的配电方式

由船舶电缆、导线和配电装置并以一定的联接方式组成的整体，称为船舶电网。发电机产生的电能通过船舶电网分配给各处的用电设备。通常把主配电板与分配电板之间的网络称为一次配电网络，把分配电板与用电设备之间的网络称为二次网络。

3. 电力系统的线制

船舶交流电网有三种线制，即三相绝缘的三相三线制系统、中性点接地的三相四线制系统和以船体为中线回路的中性点接地的三相三线制系统（图12-2）。

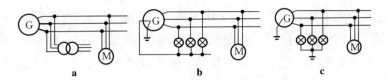

图 12-2　船舶交流电网线制

a. 三相绝缘的三相三线制系统　b. 中性点接地的三相四线制系统

c. 以船体为中线回路的中性点接地的三相三线制系统

　　大多数船舶采用中性点不接地的三相三线制系统。这种系统的供电可靠，因为动力与照明系统经变压器隔离，两者之间没有电的直接联系，相互影响小。特别是易出绝缘故障的照明系统对动力系统的影响大为减小。同时，发生单相接地时不会产生短路电流而跳闸，也不会影响三个线电压的对称关系，能最大限度地保持连续供电。

第二节　渔船主配电板的组成、功能及重要负载的供电方式

　　船舶主配电板是船舶电力系统的中枢，担负着对主发电机和用电设备的控制、保护、监测和配电等多种功能。小型渔船的主配电板一般由发电机控制屏、负载屏和连接母线四部分组成。

一、发电机控制屏

　　发电机控制屏用来控制、调节、监视和保护发电机。每台发电机均配有自己的控制屏。控制屏面板分为上、中、下三部分，上部装有电流表、电压表、频率表、三相功率表及功率因数表，用于监视发电机的运行参数和负荷状态。电压表和电流表下面各设有三相测量转换开关，用于检查三相电流和电压的对称性。面板中部有发电机主开关和合闸脱扣按钮，以及手动合闸手柄、原动机的调速开关（用于调节发电机的频率）。发电机的主开关是框架式万能空气断路器。面板的下部一般安装发电机的励磁控制装置。屏内设有仪用互感器（电流互感器和电压互感器）等。

二、负载屏

　　负载屏用来分配电能并对各馈电线路进行控制、监视和保护。各用电设

备或分电箱的电能通过装置式空气开关供给。它包括动力负载屏和照明负载屏。负载屏上常设有电流表，并通过转换开关可测量各馈电线路的负载电流，还常设有用于连续监视电网绝缘的绝缘电阻表和绝缘指示灯。屏上还装有主配电板与应急配电板之间的联络开关、与岸电箱相连的岸电开关及相序指示器。

三、汇流排（或联接母线）

主配电板所有屏公用的联接导体。配电板上主汇流排及连接件必须是铜质的，连接处应作防腐或氧化处理。汇流排应坚固耐用，能承受短路时的机械冲击力，其最大允许温升为 45 ℃。

交流汇流排按从上到下（垂直排列）、从左到右、从前到后（水平布置）的顺序依次为 A 相、B 相、C 相。汇流排的颜色依次为绿色、黄色、褐色或紫色，中线为浅蓝色。直流汇流排按从上到下（垂直排列）、从左到右、从前到后（水平布置）的顺序依次为正极、中线、负极。其颜色为正极——红色，负极——蓝色，中线——绿色和黄色相间色。

四、重要负载的供电方式

由主配电板直接供电的设备有：舵机、锚机、消防泵、航行灯、无线电电源板、电罗经、电航仪器电源箱等重要负载，以及空压机等大容量负载。

特别重要的设备，如舵机、航行灯采用两路互相独立的馈电线进行双路供电。由主配电板分左右两舷引出。

第三节　三相交流同步发电机

三相交流同步发电机的构造与工作原理：同步电机与其他电机一样，由定子和转子两大部分组成。三相同步发电机（转场式）定子与三相异步电机的相同，主要有嵌放在铁芯槽中的三相对称绕组，转子上装有磁极和励磁绕组（图 12-3）。当励磁绕组通以直流电流以后，电机内产转子磁场，如用原动机带动转子旋转，则转子磁场与三相定子绕组间有相对运动，就会在三相定子绕组中感应出交流电势。

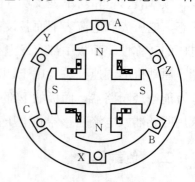

图 12-3　三相同步发电机结构原理

一、同步发电机的基本结构

同步发电机,按其结构可以分为旋转电枢式和旋转磁极式。按照磁极的形状,旋转磁极式又可分为凸极式和隐极式。同步发电机的基本形式见图 12-4。

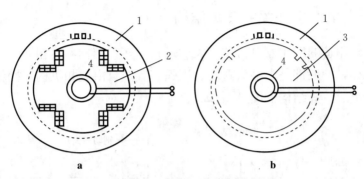

图 12-4 同步发电机的基本形式
1. 定子　2. 凸极转子　3. 隐极转子　4. 滑环

二、三相交流同步发电机的工作原理

当同步发电机直流励磁电流通过电刷、滑环进入转子励磁绕组后,转子便产生一个幅值不变的恒定磁场。磁通经转子铁芯,转子与定子之间的气隙、定子铁芯而构成闭合回路。在原动机的拖动下,发电机转子转动后,在气隙中便形成了一个幅值不变的主极旋转磁场。这个旋转磁场依次切割三相定子绕组,在定子绕组中感应出交变电动势。由于定子的电枢绕组三相对称、转子转速恒定,所以感应电动势也是对称的三相电动势(幅值相等、频率相同、相位依次相差 $120°$)e_u、e_v、e_w。

若有 p 对磁极的转子每分钟在空间旋转 n 转时,则定子绕组电动势就每分钟变化 pn 次,感应电动势的频率为:

$$f = pn/60$$

该频率即电网电压频率。因此,为了保持电网电压频率恒定,同步发电机必须以同步速度运转。

第四节　发电机主开关的基本结构和功能

发电机主开关在船舶电站中是一个重要部件。发电机与主汇流排接通与断开的协调工作就是由主开关来完成的。船舶电站中采用的主开关是万能式自动空气断路器（抽屉式或框架式）。其主要形式有国产 DW9 系列主开关。

万能式自动空气断路器的特点：在正常运行时，作为接通和断开主电路的开关电器；在不正常运行时，对主电路进行过载、短路和失（欠）压保护，自动断开电路。

一、发电机主开关的基本结构

国内外制造的船用发电机主开关的形式很多，结构不尽相同，但基本原理大同小异，一般都是由触头系统、灭弧装置、自由脱扣机构、操作机构和保护装置组成。其结构框图见图 12-5。

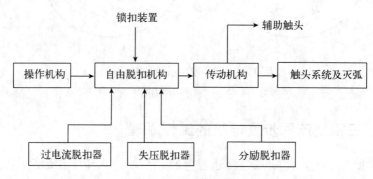

图 12-5　万能式自动空气断路器的结构与作用

1. 触头系统与灭弧装置

触头系统是用于实现电路的接通与断开的。触头在切断时，电流很大，会产生电弧，因此必须具有完善的触头系统。触头系统由主触头、副触头和弧触头组成。主触头承担电路的正常工作电流，副触头、弧触头是为了防止主触头断开电路时产生的电弧烧坏主触头而设置的。在合闸时弧触头先接通，然后依次是副触头和主触头。而分闸时，主触头先断开，然后是副触头和弧触头。

自动空气断路器大多是采用有灭弧栅的灭弧装置进行灭弧的。灭弧装置由许多长短不同的钢质栅片和绝缘材料构成，能把电弧分割成许多较短的小段，从而实现迅速灭弧。

2. 自由脱扣机构

自由脱扣机构的作用是使触头保持完好闭合或迅速断开。图 12-6 是一个四连杆机构，是触头系统和操作传动装置之间的联系机构。正常触头闭合状态见图 12-6a。图 12-6b 为分闸位置，由于衔铁动作，使顶杆向上逆动，撞击连杆接点，四连杆刚性连接被破坏，脱扣机构动作，使主触头断开。图12-6c 为准备合闸位置，当脱扣后，需再次合闸时，应先将手柄向下拉，使四连杆机构成刚性连接状态，做好合闸准备。一旦需要合闸，只需将手柄往上推即可。

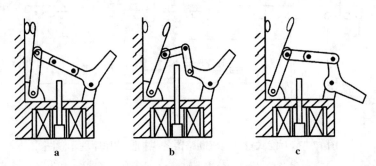

图 12-6　自由脱扣机构的合闸和分闸位置示意图
a. 合闸位置　b. 分闸位置　c. 准备合闸位置

3. 操作机构

操作机构用于控制自由脱扣机构的动作，实现触头系统的闭合或断开。自动空气断路器的操作传动机构常见的有手柄式、连杆式、电磁式、电动式等。无论哪一种操作方式，合闸前都必须使储能弹簧"储能"、使自由脱扣构处于"再扣"位置，利用储能弹簧释放的能量实现快速合闸。

二、发电机主开关的基本功能与保护元件

发电机主开关是发电机投入电网的接入部件，同时具备在非正常运行如发生过载、电网短路、发电机欠压等情况下，能自动将发电机与电网断开的功能。因此，它既是开关电器，又是保护电器。

要实现相关的功能，万能式自动空气断路器通常设有过电流脱扣器、失压脱扣器及分励脱扣器，通过它们对自由脱扣机构的作用来实现对发电机主电路的短路、过载、失压、欠压等保护及遥控分励操作（发电机与电网分离）。其操作原理见图12-7。

1. 过电流脱扣器

过电流脱扣器一般有电磁式和半导体式，用作发电机的短路和过载保护。一般具有反时限延时动作、定时限动作和瞬时动作三种动作特性。当短路故障和过载现象发生时，瞬时或经短路短延时或经长延时后接通电磁铁使过电流脱扣器瞬时动作，开关自动跳闸。延时元件通常采用钟表机构或利用

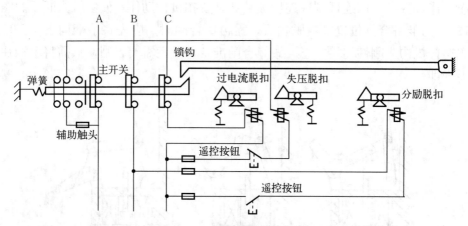

图 12-7　万能式自动空气断路器各脱扣器动作原理示意图

RC 电子式充放电电路延时等实现。如 DW-95、DW-98 型采用 RC 充放电延时。

2. 失（欠）压脱扣器

失（欠）压脱扣器一般由一个瞬时动作的电压继电器组成。当线路电压低于规定的整定值时，由于电磁吸力的不足引起继电器释放，通过自由脱扣机构使开关自动跳闸。为避免电网电压瞬时波动产生误动作，可延时，延时时间一般为 1～3 s。

3. 分励脱扣器

分励脱扣器主要用于远距离控制自动开关的断开。当按下分励脱扣按钮时，继电器吸合，通过自由脱扣机构将自动开关断开，即把发电机与电网断开。

第五节　渔船应急电源系统

船舶除了设置主发电机组作主电源之外，还必须配备一套在主电源不能供电时，向船上部分保证船舶安全的用电设备进行供电的独立电源，称为应急电源。船舶应急电源可采用应急发电机组（大应急）和应急蓄电池组（小应急），或两者兼备。沿海小船一般只配备有应急蓄电池组。

船舶都配备有蓄电池作为船舶小应急照明、操纵仪器和无线电设备的电源，因此必须设置充放电板对蓄电池进行充电、放电，实现向用电设备正常供电。

一、船用蓄电池的用途

① 作为小应急电源（应急照明、航行灯）及内部通信电源。

② 作为机舱巡回监视报警系统的备用控制电源。

③ 作为柴油发电机组的启动电源。

④ 作为无线电收发报机的电源。

二、酸性蓄电池的结构和工作原理

酸性蓄电池主要由容器、极板、隔板三部分构成。容器的作用是存储酸性电解液（浓度在 27%～37%的稀硫酸溶液）和支撑极板，极板分正极板和负极板两种，正极板是二氧化铅，负极板是海绵绒状铅，所以酸性蓄电池又被称为铅酸蓄电池，隔板使正、负两块极板互相绝缘，其上有小孔，以利于电解液流通。

酸性蓄电池是利用铅、二氧化铅和硫酸的化学反应来储存和释放电能的装置。当两极板放在稀硫酸电解液中，正极板的二氧化铅和负极板的绒状铅分别与硫酸溶液起化学变化，使两极之间产生了电动势。

每个酸性蓄电池正、负两极的电动势为 2 V 左右。此时若外电路接通，则将产生放电电流，同时正极板和负极板与稀硫酸起化学反应，逐渐变成了硫酸铅（$PbSO_4$）。当正、负极板都变成同样的硫酸铅后，蓄电池就不能再放电了，此时需要对蓄电池充电，使其恢复原来的二氧化铅和铅。蓄电池的充电和放电是可逆的。蓄电池放电时会产生水，电解液密度降低；充电时生成硫酸，密度增加。根据这个原理，可以用密度计来测量电解液的密度，以此掌握蓄电池的充、放电情况，亦可以估计蓄电池电动势的大小。

蓄电池储存电能的能力称为容量。容量的单位为安培·小时（A·h）。它用充足电的蓄电池放电到规定终了电压（一般为额定电压的 90%）时所放出的能量来表示，以放电电流 I 与放电时间 t 的乘积描述，即：

$$Q = I \cdot t \ (A \cdot h)$$

酸性蓄电池通常以 10 h 的放电电流为标准放电电流（即经过 10 h 使蓄电池放完电的放电电流），因此额定容量被定义为在电解液温度为 25 ℃、以 10 h 的放电电流连续放电至终了电压时所输出的容量。例如，200 A·h 容量的酸性蓄电池是指能以 20 A 的电流放电 10 h。

蓄电池的容量与放电电流的大小及电解液的温度有关，因此如果超过标准放电电流进行放电，不但会降低容量，而且会严重影响蓄电池的寿命。

酸性蓄电池的电解液为相对密度 1.285 的稀硫酸溶液。

配置调整酸性电解液的正确操作方法是：戴橡胶手套和防护眼镜，选择盛放器皿，将硫酸慢慢倒入蒸馏水中，同时注意慢慢搅拌。使用密度计测量电解液的密度。

三、酸性蓄电池的充放电

蓄电池的使用寿命在于日常的管养，正确的充放电是蓄电池正常工作的前提。要保证蓄电池有足够的供电和寿命，正确的充电是必需的。

1. 充电的类型

蓄电池的充电种类分为初次充电、正常充电和均衡充电。新的或长期库存的蓄电池，必须经道初次充电后，才能投入使用。

（1）初次充电　指使用酸性蓄电池时，初次向电池内加入电解液进行的充电。充电的第一阶段电流为额定容量的 7/100，充到单个电压上升到 2.4 V为止；第二阶段充电电流为额定容量的 1/25，充到单个电压上升到 2.5 V，且电解液相对密度和电压在 3 h 内稳定。

（2）正常充电　指对于已经放过电的酸性蓄电池，为了使其恢复到原来规定容量而进行的充电。充电分两阶段进行，第一阶段按标准充电制的电流（额定容量的 1/10）充电 6～7 h，第二阶段用第一阶段充电电流的一半充电 2～3 h。然后再校正电解液，整个充电过程即告完毕。

（3）均衡充电　由于多个小电池组合使用而成的蓄电池在长时间使用后，各小电池往往产生相对密度、容量不均衡现象，为此需要每月进行一次均衡充电。其方法是先进行正常充电，静置 1 h 后，用初次充电第二阶段的电流充到有剧烈气泡产生为止，再静置 1 h，反复上述充电过程，直到电压和电解液相对密度保持稳定才完成。

2. 充电方法

在船上，蓄电池常用的充电方法为分段恒流充电法和浮充电法。

（1）分段恒流充电法　第一阶段充电电流调整在 1/10 额定容量值上进行充电，按第一阶段充电电流充电 10 h 左右，单个电池上升至 2.4 V 左右时（蓄屯池电解液可能会发出气泡），应转入第二阶段充电；第二阶段充电电流应调整在 1/20 额定容量值上进行充电，按第二阶段充电电流充电 3～5 h，调整电解液的相对密度，使其达到 1.285 左右；再按第二阶段充电电流充电 1 h，至此即完成了整个充电。目前，多数船舶上都采用此法。

（2）浮充电法　蓄电池直接和直流电源并联，电网向其他负载供电，同时也向蓄电池充电。当外接负荷减小时，电网电压略有升高，充电电流自动增加，反之则自动减小。由于这种方法充电电流是浮动的，故称浮充电法。一旦电网因故失电，蓄电池可立即代替发电机向用户供电。

3. 蓄电池的过充电

蓄电池在使用过程中往往因长期充电不足、过放电或外部短路等原因使极板硫化，从而使充电电压和电解液相对密度都不容易上升。为了使蓄电池良好运行，应该对蓄电池进行过充电。所谓过充电就是在正常充电后，以 10 h 的放电电流的 1/2 或 3/4 的小电流进行充电 1 h，隔 0.5 h 观察一次电压与测量密度，连续 4 次，然后停 1 h，如此反复进行 2~3 次，直到刚一接通充电电源就冒出强烈的气泡为止。

4. 酸性蓄电池充、放电终了的判断

蓄电池充、放电是否终了可根据电解液的密度及蓄电池的电压进行判断。

（1）根据电解液的密度变化判断　即当蓄电池充电到电解液的密度为 1.275~1.31 g/mL 时，正、负极板的活性物质已接近于放出全部硫酸，即电池已被"充足"。放电时，蓄电池放电到电解液密度为 1.13~1.18 g/mL 时，正、负极板的活性物质已几乎全部转化为硫酸铅，即蓄电池的电能已经"放完"。

（2）根据蓄电池电压的变化判断　即蓄电池的电压与电解液的密度有关，电解液的密度大，电压就高，反之则低。单个电池电压平均为 2 V。当蓄电池开始充电时，电压很快升高到 2.1 V，然后逐步缓慢上升，直到 2.3 V，再经过几小时后，升高到 2.6 V 左右，并一直维持不变，而且正负极板附近剧烈冒出气泡，这时，蓄电池已经"充饱电"。放电时，蓄电池电压立即降低到 2.0~1.95 V，然后逐步缓慢下降，到 1.9 V 后，很快就降到 1.8~1.7 V，这时蓄电池已经"放完电"，不可继续放电，否则会腐蚀铅板。

四、船用酸性蓄电池的维护保养

1. 当有下列情况必须进行过充电

① 蓄电池放电到极限电压以下；② 蓄电池放电后，停放 1~2 昼夜没有进行及时充电；③ 蓄电池极板抽出进行检查，清除沉淀物之后；④ 以最大电流放电超过限度；⑤ 电解液内混有杂质；⑥ 个别电池极板硫化，充电时电解液密度不易上升。

对于长期担负工作的蓄电池，通常每月至少进行一次过充电；对于负载较轻的蓄电池，也应每2～3个月进行一次过充电。

2. 电解液的调整和补充

酸性蓄电池在充放电过程中，液面的高度会有所降低。虽然电解液会有少许飞溅，但这种损失很少，液面降低主要是因产生气体或蒸发使电解液中的水分减少造成的，所以要补充液面至原来的高度。补充时只能加蒸馏水，不可加酸。若过充电完毕，电解液酌密度低于原来值，则应该在正常充电后补加密度1.35～1.40的稀硫酸来调整，然后用普通充电电流的一半充电1 h，以使电解液均匀。

电解液应每年进行化验检查。

3. 酸性蓄电池维护的周期、维护要点

① 每10天要检查一次电压、电解液的密度及高度，并做好记录。如果低于规定值，应及时补充蒸馏水后进行充电，然后清洁表面。

② 不经常使用的蓄电池，每月至少要检查一次，并进行补充电。

③ 蓄电池表面，每3个月进行一次彻底清洁。清洁时先用温水擦除接头处的氧化物，然后再涂上牛油或凡士林，防止氧化。

4. 保养注意事项

① 注意保持蓄电池表面及整体清洁。不要有油渍污垢在上面，绝不允许在上面放置金属工具、物品，以防造成短路，损坏蓄电池。

② 保持极柱、夹头和铁质提手等处的清洁。如出现电腐蚀或氧化物等，应及时擦拭干净，以保证导电的可靠性。平时应将这些零件表面涂上凡士林，防止锈蚀。

③ 平时注意盖好注液孔的上盖，以防止船舶航行时电解液溢出，或海水进入蓄电池里，必须保持气孔畅通。

④ 蓄电池放电终了，应及时按要求进行充电。

⑤ 蓄电池室内严禁烟火。

⑥ 要保持蓄电池的测量仪表如密度计、电压表等的准确和完好，应定期检查。

第六节　电站运行的安全保护

船舶电力系统包含船舶电站（发电机组、配电板）、电力网和负载等几大部分。船舶电力系统在运行中，可能会出现各种不正常运行和故障情况，主要有过载、欠压、过压、欠频、过频、逆功率，以及三相三线制中性点绝缘系统发生单相接地等。若不正常运行或发生故障，往往会引起严重的后果，因此必须做好安全保护，设置各种安全可靠的保护装置，及时报警或自动迅速切除故障，防止意外事件的发生。

所以，船舶电力系统的安全保护环节主要包括船舶发电机的保护、船舶变压器的保护、船舶电网的保护和船舶电动机的保护等。

一、渔船发电机外部短路、过载、欠压和逆功率保护的原理

1. 发电机的外部短路保护

船用低压同步发电机的电压，多数在 500 V 以下，且有定期的绝缘检查和日常维护，发电机内部短路的概率相当小，故一般不考虑装设专门的发电机内部保护装置。

发电机的外部短路将会产生巨大的短路电流，对电力系统设备有巨大的破坏作用，电网电压急剧下降，会使电动机停转，甚至发电机跳闸，引起全船失电。

发电机外部短路保护的原则是既要保护发电机，又要尽可能不中断供电，为兼顾保护的快速性和选择性，通常采用时间原则和电流原则相结合的方法。

对于船舶发电机外部短路保护，一般应设有短路短延时和短路瞬时动作保护。当短路电流达 2～5 倍的额定电流时，保护装置延时 0.2～0.6 s 动作，使发电机自动跳闸。当短路电流达 5～10 倍的额定电流时，保护装置应瞬时动作，使发电机自动跳闸。因此，船舶发电机的外部短路保护装置中，一般设有两套电流保护装置，根据短路电流的大小，实行短延时或瞬时动作保护。

船舶发电机的外部短路保护由万能式自动空气断路器中的过电流脱扣器承担。

2. 发电机的过载保护

同步发电机的过载，主要指发电机的输出功率和电流超过了它的额定值。出现问题的起因是发电机的容量不能满足负载的需要，或并联运行的发电机组负载分配不均匀。发电机的长期过载，会使发电机过热，引起其绝缘损坏或老化，并会影响原动机的使用寿命。发电机的过载保护，一方面要保护发电机不受损害；另一方面要能避开允许的短暂过载电流，尽量确保不中断供电。

对于发电机过载保护，我国《钢质海船入级规范》规定：对无自动分级

卸载装置的发电机，当过载达 125％～135％ 额定电流时，保护装置延时 15～30 s 动作，使发电机自动跳闸。

对有自动分级卸载装置的发电机，当过载达 150％ 额定电流时，保护装置延时 10～20 s 动作，使发电机自动跳闸。

船舶发电机的过载保护一般是由装于主配电板的自动分级卸载装置和万能式自动空气断路器中的过电流脱扣器来实现的。

3. 发电机的欠压保护

当发电机的励磁装置发生故障、原动机故障或发电机外部发生持续性过载故障时，都可能出现欠压。发电机在欠压情况下运行将引起电动机转矩下降，电流增加，发电机过载，绝缘损坏，这对发电机本身和电动机的运行是很不利的。因此需要设置欠压保护，以使出现欠压现象时发电机合不上闸或从电网上自动断开。

对带有延时的发电机欠压保护，当发电机电压低于额定电压的 70％～80％时，延时 1～3 s 动作跳闸。对不带延时的发电机欠压保护，当发电机电压低于额定电压的 35％～70％时，瞬时动作跳闸。

船舶发电机的欠压保护是由万能式自动空气断路器中的失压脱扣器来实现的。

4. 逆功率保护

当多台发电机并联运行时，由于原动机或调速器工作失常，往往会出现逆功率状态，其中一台发电机从电网吸收功率变成电动机工作状态。

发电机在逆功率状态下运行，会使另外并联运行的发电机过载，以致过载跳闸，因此必须设置有逆功率保护。

交流发电机的逆功率保护是由逆功率继电器来实现的。逆功率继电器的动作取决于发电机是发出还是吸收功率。当发电机向电网输出功率时，它不动作；当发电机从电网吸收功率时，逆功率继电器动作，其输出触点一般串于失压线圈电路，使失压脱扣器动作导致主开关跳闸。考虑到当采用手动或半自动方式进行并车操作时，在投入并联运行的发电机组中会出现逆功率状态，而这种逆功率的状态发生的时间短，逆功率的数值也不大，因此逆功率保护应避开这种状态。

我国《钢质海船入级规范》规定：船舶上并联运行的同步发电机逆功率保护装置的启动值一般整定在 8％～15％ 额定功率（原动机为柴油机），延时 1～10 s 动作。

同步发电机的逆功率保护由逆功率继电器承担。它既反映有功功率的大小，又反映有功功率的方向。当同步发电机出现逆功率并达到或超过保护动作整定值时，逆功率继电器延时动作，将发电机主开关切除，使该发电机退出并联运行。

二、渔船电网短路、过载保护的原理

1. 电网的短路保护

船舶电网的短路保护要求良好的选择性。当发生短路故障时，仅允许切除有故障的线路部分。通常对各级保护装置的动作整定值按时间原则或电流原则予以整定。

短路保护装置通常采用万能式自动空气开关、装置式自动空气开关及熔断器等。装置式自动空气开关装有电磁式脱扣器，大量应用于各种配电装置；熔断器一般用作电网的末级保护。

在船舶电网中，发电机和用电设备的短路保护装置通常设在靠近电源侧的出线端，所以电网不设专门的短路保护装置，而是与发电机及负载的短路保护共用一套保护装置。

2. 电网的过载保护

船舶电网大多为枝状放射型馈线式配电网络，电网馈线的截面积又都与发电机及用电设备的容量相配合。由于发电机和用电设备的过载保护装置同时保护了电网，所以电网中不设专门的过载保护装置。

需要指出的是，根据规范要求，舵机电动机与其供电线路均不设过载保护，只设短路保护和过载报警装置。

三、电网绝缘监视系统的工作原理及参数的调整

1. 单相接地监视

船舶电网一般采用三相三线绝缘制系统，电网中的任何一相接地，将造成另外两相对地均为线电压，严重影响人身安全，若再有一相接地，就会引起两相短路的故障。这类潜在的危险性必须及时发现，予以清除。

船舶配电板上大多装有绝缘指示灯（亦称地气灯），以监视电网的单相接地。地气灯的电气工作原理见图12-8。

正常工作时，交流三相电网的三盏灯星形连接，各灯泡两端均为相电压，因而亮度相同。若某一相（设图中的 A 相）出现接地故障，则灯 L_1 熄灭，而灯 L_2、L_3 两端的电压上升为线电压，灯泡亮度增强。这样，值班人员就能方便地判断哪一相发生接地故障。直流供电系统的单线接地监视也是同样的原理。

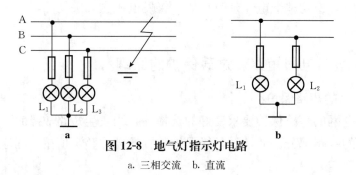

图 12-8 地气灯指示灯电路

a. 三相交流 b. 直流

2. 船舶电网绝缘检测

船舶电网绝缘监测常用配电板式兆欧表，安装在主配电板上。它能在线随时监测船舶电网的绝缘电阻。这类兆欧表的电原理见图 12-9。

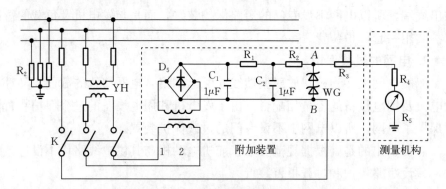

图 12-9 配电板式兆欧表的电原理

配电板式兆欧表能及时指示电网对地的绝缘状况。兆欧表包括测量机构（表头）和附加装置（整流电源）两个部分。在监测各相绝缘电阻时，当电网某相绝缘电阻 R_x 下降，漏电流将增大，漏电流经电源正极接线柱 A—测量机构—电网对地绝缘电阻 R_x—电网—电源负极接线柱 B 构成回路，漏电流越大，测量机构指针偏转越大，说明绝缘电阻越小。如一相接地，表头指针偏转最大，绝缘电阻指示值为零。测量表头可以直接读出电网的绝缘电阻值，配电板式兆欧表配合转换开关分别可以测量动力电网和照明电网的绝缘电阻值。R_3 可调电阻用于表头的零位调整。

根据规范要求，船舶电网的绝缘电阻应该不低于 2 MΩ。

四、渔船岸电接用的操作注意事项

为把从岸上或其他外来电源接入船内，船上均装有岸电箱，能方便地与外来电源的电缆连接。岸电箱与主配电板之间，应设有足够容量的固定电缆。在主配电板上的岸电接入，应装有指示灯，可以指示外来电源的电缆是否已经带电。交流船舶接岸电时，还应注意如下各项：

① 检查岸电电力系统参数（电制、电压和频率）是否与本船电网参数一致。若电制、频率相同，仅电压不同，可通过调压器将岸电电压变换成与本船电压相等后，再接至船上电网。

② 检查岸电相序与船上电网相序是否一致，如果相序不一致将会使船上电机反转。一般船上的岸电有相序指示灯，电路原理见图 12-10，或逆序继电器。当显示相序正确时才能接岸电。相序正确时，白（绿）灯比红灯亮，为正序，可接岸电；红灯比白（绿）灯亮为逆序，应该将岸电任意两根接线对换。新型的岸电箱装有两个开关，可通过切换开关改变岸电相序。

③ 接通岸电后，不允许再启动船上主发电机或应急发电机合闸向电网供电，因此主配电板均设有与岸电的互锁保护，使两者不可能同时合闸。

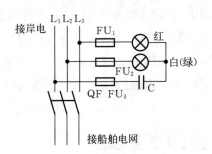

图 12-10　相序指示灯的电原理

④ 若岸电为三相四线制时，应将船体与岸上接地装置相连，然后接岸电。

第十三章　安全用电

第一节　渔船安全用电常识

一、触电事故的原因

缺乏安全用电常识或对电气设备的使用管理不当，是触电事故发生的主观原因。电气设备的绝缘损坏使不带电的物体带电，是发生触电事故的客观原因，也是最大的隐患，而环境条件对造成触电有着重要影响。人体任何两点直接触及（或通过导电介质连通）不同电位的带电体都可能发生触电事故。钢质船舶，整个建筑是一个良导体，且空间狭窄，设备密布，人体经常碰触到电气设备的金属壳体或构架；加之高温、潮湿等恶劣环境条件，容易造成绝缘损坏，或安全接地因腐蚀或锈蚀而失去保护作用等。因此，船舶属于触电危险场所。

二、人体触电电流及安全电压

触电对人体伤害的程度与通过人体电流的大小、种类、路径的持续时间有关。通过人体电流的大小决定于人体两点的接触电压和人体电阻。人体总电阻是皮肤角质层电阻和体内电阻之和。人体电阻不是固定常数，而且实际触电时的人体电阻和电流还与人体的触电部位和接触紧密程度有关。通常有两种触电情况：①接触单相对地电压；②同时接触两相电压（即线电压）。对三相绝缘系统，后者危险性更大。

危险的触电电流通过人体，首先是使肌肉突然收缩，使触电者无法摆脱带电体，以致麻痹中枢神经，导致呼吸或心脏跳动停止。通过人体 $0.6\sim1.5\,\mathrm{mA}$ 的工频交流电流时，人开始有感觉；$8\sim10\,\mathrm{mA}$ 时，手已较难摆脱带电体；几十毫安通过呼吸中枢或几十微安直接通过心脏均可致死。因此，电流通过人体的路径不同，其伤害程度不同。手和脚间或双手之间触电最为危险。

所谓安全电压是指对人体不产生严重反应的接触电压。根据触电时人体和环境状态的不同，其安全电压的界限值不同。国际上通用的可允许接触的安全电压分为三种情况。

① 人体大部分浸于水中的状态，其安全电压小于 2.5 V。

② 人体显著淋湿或人体一部分经常接触到电气设备的金属外壳或构造物的状态，其安全电压小于 25 V。

③ 除以上两种以外的情况，对人体加有接触电压后，危险性高的接触状态，其安全电压小于 50 V。

我国则根据发生触电危险的环境条件，将安全电压分为三种类别，其界限值分别为：

① 特别危险（潮湿、有腐蚀性蒸气或游离物等）的建筑物中，为 12 V。

② 高度危险（潮湿、有导电粉末、炎热高温、金属品较多）的建筑物中，为 36 V。

③ 没有高度危险（干燥、无导电粉末、非导电地板、金属品不多）的建筑物，为 65 V。

可见"安全"电压是相对的，在某种状态或环境下是安全的，当状态或环境发生变化时就可能是危险的。特别是触电作用时间是触电安全的重要因素，即使是可摆脱的电流，若在 20～30 s 内未摆脱，也会由于电流的热效应、化学效应等，使人体发汗，电阻下降，以及发生一系列的病理变化，仍会造成伤亡事故。

三、预防触电措施

① 加强安全用电教育，严格操作规程。了解触电原因，增强自我保护意识；严格操作规程，持证上岗；一般情况下禁止带电检修，不得已时应采取可靠的安全措施，最低也应有技术等级相同的人员在场监护。使用非安全电压便携式电气设备前，必须仔细检查其电缆、手插头等的绝缘状态，特别是安全接地芯线容易折断而不易觉察。

② 电气设备必须有安全接地或接零；经常检查、维护电气设备的接地和接零。

四、触电急救注意事项

① 就近拉断电源开关或熔断器，或用干燥不导电的衣物器具使触电者

迅速脱离电源。救护者人体各部分都不可直接触及触电者，避免连带触电。并注意触电者脱离电源时是否有碰伤或摔伤的危险，以采取必要的措施。

② 将触电者置于通风温暖的处所，对呼吸微弱或已停止呼吸的要实施人工呼吸或心脏按压抢救。只要触电者没有明显的死亡症状，就应坚持抢救。心脏按压和人工呼吸可同时进行。

第二节　渔船电气火灾的预防

一、电气设备的防火、防爆

燃烧和爆炸须同时具备三个基本条件：①有可燃性气体或物质；②有空气或氧气；③有火源或危险温度。这三个条件只要不同时存在，就能避免燃烧和爆炸。燃烧和爆炸是同一化学反应，当空气中所含可燃气体达到一定浓度时，由于氧化反应的传播速度极快，则燃烧将变成爆炸。爆炸和燃烧都产生大量的光和热，但爆炸还伴随由于气体急剧膨胀而发出的巨大声响。引发船舶发生火灾和爆炸有多种原因，电气设备的短路、过载、绝缘老化及某些故障都是火灾的隐患。这些隐患主要是作为火灾的热源或火源。电气设备的热源或火源包括正常的和非正常的。如各种触点正常开断火花，以及绝缘的短路点、线路破断点等产生的非正常火花。有正常高温元件，如电灯等。也有非正常高温，如：

① 电气设备（特别是插座）进水形成短路或接地，在短路点或接地点局部发热。

② 导体联接点的松动、氧化、腐蚀等引起接触电阻过大，造成局部发热。

③ 电气设备或电缆长期超负荷工作，或由于短路故障、非正常电压等引起电流过大，使温度过高而可能引发火灾。

④ 由于乱接、乱拉电线，或在插座上接用超过线路允许载流量的电热器或其他用电设备而造成线路过热。

⑤ 其他原因造成的绝缘强度下降或绝缘破坏，发生短路、接地故障，引起局部过热。另外，有可燃物质出现在不该出现的地方和空间，这就为正常工作的电器火源或热源提供了可燃物质，从而成为火灾的隐患。例如违禁使用四氯化碳作清洗剂；或用汽油清洗机器部件时未采取有效的防火措施，未注意良好通风，以致有汽油积聚等。所以对电气设备的防火要求就是避免

发生和注意消除上述各点的火灾隐患。应定期检测和检查电气设备的绝缘，以保持良好的绝缘状态。在有易燃易爆物的场所必须使用合格的防爆电气设备。

二、电气设备的灭火

电气设备着火时，不应立即用水灭火，以防通过水柱触电。正确的做法是首先迅速切断着火电源，然后用二氧化碳或卤化烃（1211）灭火器等灭火。停电时，应注意尽量缩小停电范围。

三、防静电知识

任何两种不同物质的摩擦、紧密接触后再分离、受压、受热或感应都能产生正负电荷分离的静电现象。液体的流动、过滤、搅拌、喷雾、飞溅、冲刷、灌注、剧烈晃动等过程，都可能产生十分危险的静电。人体和衣着也会产生危险的静电。穿脱毛料与合成纤维衣物时，由于摩擦的接触—分离所产生的静电电压可高达数千万伏，足以引燃周围爆炸性气体。人体是静电的良导体，人体处于带电的静电空间因感应而成为一个独立的带电等位体，人体与地或与周围物体之间达到一定的电位差时就会产生放电。因此，在静电危险场所的工作人员应穿导电好的服装和鞋袜。在货油舱甲板上禁止穿脱衣物。由生活居住区进入货油舱区前，手应触摸专设的用来消除静电的金属极，以防止人体带电进入危险区。此外，船舶在航行中除遇直接雷击外，带电低云层的静电感应，也会使船舶金属体感应带电。船舶航行与空气的摩擦也能使金属体带电。

四、船舶防静电的措施

由于上述种种原因产生的静电，积累到一定程度就会在突出部位产生放电，成为火灾和爆炸的隐患。特别是油船，存在可燃气体的空间较大，容易引起爆炸。所以船舶除了安装避雷装置外，还必须设置消除静电的装置。

① 金属导体之间或法兰连接的管段之间要用金属导线可靠地连接，并可靠地金属接地，以便及时泄放静电。

② 电气设备的金属外壳均须可靠接地，所有电气设备的保护接地可作为防静电接地。

第三节　渔船电气设备的接地与绝缘

电气设备的接地就是将电气设备的金属外壳、支架和电缆的金属护套与大地等电位的金属船体作永久性的电气联接。它对保护人体不受触电伤害，保证电力系统和电气设备的正常运行都具有重要的意义。为保护人身触电的安全，有两种保护措施，即对电气设备采取保护接地或保护接零。此外，还有为使电气设备正常工作的工作接地（如电力系统中性点的接地、绝缘指示灯接地、电焊机接地等），防无线电干扰的屏蔽接地及避雷接地等。

一、保护接地

保护接地是将工作电压在 50 V 以上的电气设备金属外壳、构架和电缆金属护套等与金属船体做可靠的金属连接。一旦发生这些部件带电时，使站在地上的人体的接触电压和人体电流近于零。保护接地适用于中性点对地绝缘的 500 V 以下的代压电力系统（图 13-1a）。"钢质海船人级与建造规范"对保护接地的要求：①电气设备金属外壳均须进行保护接地，但工作电压不超过 50 V 的设备、具有双层绝缘设备的金属外壳或为防止轴电流的绝缘轴承座的情况除外。②电气设备直接紧固在船体的金属结构上或紧固在与船体金属结构有可靠金属连接的底座（或支架）上时，可不另设专用导体接地。③不论是专用导体接地或靠设备底座（或支架）接地，其接触面均须光洁平贴，保证有良好的接触，并应有防止松动和生锈的措施。④电缆的所有金属护套或金属覆层须做连续的电气联接并可靠接地。⑤固定安装的电气设备，若用专用导体接地，则其导体应用铜或导电良好的耐蚀金属材料制成。必要时应有防止机械损伤即防蚀措施。接地导体截面最低不得小于 1.5 mm²。

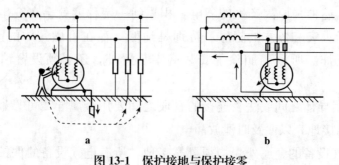

图 13-1　保护接地与保护接零

a. 保护接地　b. 工作接地，保护接零

二、保护接零

对于中性点接地的低压电力系统，为防触电，将电气设备的金属外壳、电缆金属护套等与系统的零线作可靠的电气联接，即保护接零。当电气设备某相绝缘损坏碰壳时，通过零线构成单相短路。因这种单相短路电流较大，可使电气设备的继电保护开关或熔断器断开，从而既可避免人身触电，又可迅速切除故障设备，保证其他电气设备的正常运行。即使在保护电气断开之前触及外壳时，也由于人体电阻远大于零线接地电阻而使人体电流极小。船体作为三相四线制系统，虽然接零就是保护接地，但它是以这种接零的保护方式实现保护的（图 13-1b）。

三、其他接地

为防止电磁干扰，在屏蔽体与地或干扰源的金属外壳与地之间所做的良好电气联接，称为防干扰屏蔽接地。为防止宜接遭雷击，将避雷针接地，称为避雷接地。避雷针的高度应高出桅顶或桅顶上的电气设备 300 mm，并可直接焊在钢质桅杆最顶端。应该注意的是，在同一供电线路中，不允许一部分电气设备采用保护接地，而另一部分采用保护接零的方法。否则，当用电设备一相碰壳后，由于大地的电阻比中线的电阻大得多，使经过机壳、接地极和大地形成短路电流，不足以使熔断器或其他保护电器动作，则零线的电位升高，使与零线相连的所有电气设备的金属外壳都带上可能使人触电的危险电压。

四、电气设备绝缘

电气设备的绝缘不仅直接影响电气设备的正常运行和使用寿命，而且影响用电的安全。只有绝缘良好，才能隔离电气设备中有不同电位的部件，才能使电流沿着一定的导体路径流通，才能保证电气设备的正常工作；只有绝缘良好，才能使人免遭触电，才能使人对其进行安全操作。所以要求船用电气设备在湿热、霉菌、盐雾、油雾等恶劣的环境条件下，仍能保持良好的绝缘状态。电气设备的绝缘是靠各种绝缘材料（包括空气、液体、固体）来实现的。对船用电气设备提出的所谓三防（防湿热、防霉菌和防盐雾）要求，基本上是针对绝缘材料而言的。而构成电气设备的材料中，绝缘材料是最薄弱的环节，电气设备的使用寿命很大程度上决定于绝缘材料的寿命。在满足上述要求的条件下，在实际使用中影响绝缘材料寿命的主要因素是它的耐热性（或热稳定性）。许多电气设备的损坏也往往是由于绝缘材料的热击穿而引起的。因为每一种绝缘材料都有一个耐热的极限温度，超过这个极限温度将加速绝缘材料的老化，使其过早地失去绝缘性能；严重时会使绝缘材料迅速灼焦而引发短路或火灾。所以在使用中，电气设备中的最热点温度不能超过其绝缘材料的最高允许温度。

1. 绝缘材料的类型

绝缘材料的类型很多，从形态上可分为气体、液体和固体三类。固体绝缘材料又可分为无机、有机和有机无机混合绝缘材料，以及耐高温（180~250℃）的硅有机绝缘材料。①无机绝缘材料：如云母、陶瓷、石棉、玻璃、大理石等，耐热性高，不燃烧，不分解。②有机绝缘材料：如橡胶、树脂、虫胶、棉纱、纸、麻、丝、人造丝等，耐热性差，易老化，高温下可分解、燃烧或炭化。③有机无机混合绝缘材料：其性能取决于组成材料的性质。人工合成的有机绝缘材料可塑性高、密度小、强度高、耐油、耐磨、易加工成型，如粉压塑料、聚氯乙烯塑料和有机玻璃等。④耐热硅绝缘材料介于有机和无机之间的合成物质，如有机硅绝缘漆、有机硅橡胶、有机硅黏合云母板和有机硅塑料等。

2. 经常使用的绝缘材料

在船舶电气设备维修中，常用的固体绝缘材料有各种绝缘带（如白布带、黑胶布带、黄蜡绸带、玻璃漆布带、聚酯膜带等）、各种绝缘纸〔如青壳纸、钢板纸、酚醛层压纸（布）板、玻璃布板等〕和各种绝缘套管等；常用的绝缘漆有浸漆用的各种牌号的清漆和覆盖用的各种牌号的磁漆两种。

3. 绝缘材料的耐热等级

按最高允许温度的不同，将各种绝缘材料划分为 7 个不同的耐热等级（表 13-1）。船舶电机多为 E 级和 B 级绝缘材料。

表 13-1　绝缘材料的耐热等级

耐热等级	极限温度（℃）	材料举例	耐热等级	极限温度（℃）	材料举例
Y	90	未浸渍的棉纱、丝、纸及其组合物	F	155	B级材料用合成胶黏合或浸渍
A	105	Y级材料经绝热漆处理	H	180	B级材料用硅有机树脂黏合或浸渍
E	120	高强绝缘漆、环氧树脂、合成有机薄膜、青壳纸等	C	>180	B级材料用优良硅有机树脂黏合或浸渍，以及云母、玻璃、陶瓷石英等
B	130	云母、石棉、玻璃丝用有机胶黏合或浸渍			

第四篇
轮机管理

第十四章 柴油机的运行管理与应急处理

第一节 柴油机的运行管理

一、柴油机的备车、启动和机动操纵

（一）备车

备车：柴油机经长期或短期停车后，开航前或进入机动航行时，使主机及其一切辅助设备做好工作准备，随时都能执行驾驶台发出的启、停和变速等各种指令。

主机开航前备车的主要目的：保证主机各部件均匀加热和向摩擦表面供给滑油。它是技术管理工作中最重要的阶段之一。

备车项目：

1. 检查车钟、核对与校正机舱时钟、试舵和校对舵角等

2. 各系统准备

（1）滑油系统　检查油位（循环油柜、轴系中间轴承座等油位），开动滑油循环泵，并将油压调至规定值。

（2）冷却系统　检查膨胀水箱的水位和使系统各阀处于正常状态。开动淡水泵使之满载工作，让淡水在系统中循环，将系统中的气体驱走，同时可用发电柴油机的循环淡水来进行暖机。

（3）燃油系统　检查主机日用油柜的油位，油位较低时应提前驳油至规定油位；并注意放掉油柜中的残水。

打开柴油日用柜出口阀和柴油机燃油进口阀，开动独立的低压燃油输送泵进行泵油驱气（若主机本身带有低压输送泵，待柴油机正常运转后，应将独立的低压燃油输送泵停掉）。

（4）压缩空气系统　启动空气压缩机，将所有空气瓶充气到规定压力，并放掉空气瓶中的油和水。开启空气瓶出口阀，开启截止阀或使自动主启动

阀处于"自动"位置。如设有气笛空气瓶和独立的控制空气系统，则在备车时应将所有气瓶充满，并打开出口阀，以备随时使用。未经冷却的压缩空气禁止充入空气瓶，否则会导致空气瓶爆炸。

（5）盘车、冲车、试车

① 盘车：开动盘车机，将柴油机转几转的过程。转车目的是检查柴油机各运动部件和轴系的回转情况，以及检查气缸内有无大量积水（示功阀处于打开状态）。

② 冲车：指在不供给燃油的状态下，利用启动装置靠压缩空气使柴油机转动的过程。

冲车的目的：初步检查启动系统的工作是否正常，并可将柴油机气缸中的杂质、残水或积油等从示功阀处冲出。冲车时应通知驾驶台。冲车前，应将各缸示功阀打开。在冲车过程中，应注意观察是否有油或水从各缸示功阀冲出，若有，应查明原因，并在排除后才能进行下一步的试车。如冲车情况正常，则冲车后关闭各缸示功阀。

③ 试车：柴油机进行正车、倒车启动，供油发火并低速运转数转后停车的方法。

试车的目的：是为了检查启动系统、换向装置、燃油喷射系统、油量调节机构，以及调速器工作是否正常。注意换向装置、启动系统各阀件及油量调节机构等动作是否灵活正常。同时注意检查各缸发火是否正常和运转中是否有异常的声音。若有异常，应及时查明原因予以消除。试车完毕后，报告驾驶台，值班轮机员不应远离操纵台，应等待驾驶台开航的各种指令。

（二）启动

启动柴油机，注意各仪表的读数，运转一段时间并检查各部分运转处于正常。待滑油温度、淡水出口温度达到规定温度时再打开滑油冷却器及淡水冷却器的海水进口阀。

柴油机正常运转后，关闭有关空气系统各阀，进入运行管理阶段。

（三）机动操纵

机动操纵：保证船舶的机动性能和倒车性能。开启空气瓶出口阀和截止阀，具体管理事项：空气瓶应随时补气，并应随时注意和保持汽笛瓶的气压处于正常范围之内，以备驾驶台使用。应注意冷却水和滑油的温度保持稳定，以免影响柴油机的工作性能和增大受热机件的应力。注意勤调节，掌握好主机海水泵的启用和停用时间；船舶在进出港口和行驶在浅水航道时，为了防止泥沙被海水泵吸入，应将低位海底阀门换用高位海底阀门。

二、柴油机运转管理中的检查项目、方法及调整措施

在运转管理中，值班人员应精心操纵，严格管理。按时进行工况的巡回检测，认真做好交接班工作。只有这样，才能有效地保证柴油机及其装置始终处于安全可靠和经济的运行状态。

在柴油机定速后，评定一台柴油机运转性能和技术状态的主要依据是燃料在气缸中燃烧的情况和各缸负荷分配的均匀程度。为了保证柴油机各运动部件的正常工作，对润滑和冷却系统的管理也应给予同样的重视。

1. 检查排烟温度、燃烧压力、冷却水温度

排烟温度是柴油机在运行中的重要参数，它能大致反映出各缸内燃烧的情况和喷射设备的技术状态。在柴油机技术状态良好的情况下，它还能反映出各缸负荷分配的情况，但在一般情况下它不能完全反映出各缸负荷的分配情况。

排烟温度的数值应不超过说明书的规定值，各缸排气温度的不均匀率应不超过规定值 5％。爆炸压力差不应大于 4％。

同时应检查各缸冷却水的出口温度，以及废气涡轮增压器的冷却水温度。这些温度都应符合规定值，而且应各缸基本一致，最大温差不得超过 5 ℃。

为了保证热力测查准确可靠，应定期检查和校正各测试仪表。

2. 检查喷油器的工作状态

简便方法：检查排烟温度，观察排气颜色，以及打开示功阀观看火焰的喷射情况等。

在运转过程中，喷射设备技术状态的变化往往是引起不正常燃烧的根源，特别是喷油器工作性能的下降，常引起气缸燃烧的恶化和各缸负荷的变化。如因喷油器工作性能下降而欲继续维持发动机原来的转速，则需加大油门，这样必将引起其他气缸超负荷。因此，在管理中应对喷油器工作状态的检查给予特别重视。

3. 机械检查

应经常注意倾听机器的运转声；应经常用手触摸机器的重要部位；在巡回检查时应认真仔细地察看。

机械检查的目的：保证发动机各机件和系统均处于正常的技术状态。正

常而有节奏的运转声是发动机正常运转的证明。

为了确保机器各部件处于正常的技术状态，除加强日常维护管理外，在航行中应加强各主要系统的管理。

三、柴油机的停车和完车

将柴油机调速至接近启动转速处，运转 3～5 min；再到柴油机旁用停车手柄逐渐减小油门直至停车。

尽可能不要在全负荷状态下很快将柴油机停下，以防出现过大的热应力。除非在紧急或特殊情况下，为避免柴油机发生严重事故，可快速扳动停车手柄实现紧急停车。

打开柴油机各缸示功阀；关海水冷却器各阀；关燃油进口阀；关报警装置。

轮机员接到驾驶台"完车"的指令后，说明主机不再动车，当班人员应做如下工作：

① 关掉启动空气系统的主停气阀、主启动阀和气瓶出口阀，并将空气瓶补满。

② 打开各缸示功阀，盘车数圈。

③ 停掉燃油低压输送泵，关闭进、出口阀，最后将燃油日用柜出口阀关掉。

④ 完车后应使主机滑油泵、淡水冷却泵再继续循环一段时间，待降温后再停泵关闭进出口阀门。

第二节　柴油机运行的应急处理

一、封缸运行

1. 封缸运行

船舶在航行时，当柴油机的 1 个或 1 个以上的气缸发生了故障，一时无法排除，此时可采取停止有故障气缸运转的措施，这就是所谓的封缸运行。

2. 规范要求

6 个缸数以下的柴油机，应能保证在停掉 1 个气缸的情况下继续保持运转；缸数多于 6 个的柴油机，应能保证在停掉 2 个气缸的情况下保持运转。

3. 封缸运行的两种情况

① 停止该气缸供油发火，可提起喷油泵滚轮，使喷油泵停止工作。

② 活塞组件必须拆掉。

4. 封缸运行的应急处理

① 防止柴油机超负荷，其余各缸的燃油供油量和排气温度都不允许超过额定值。封缸后柴油机允许的最大转速，在切断一个气缸的情况下，如果扭矩不超过额定值，那么应相当于在 75% 负荷的转速下运转。

② 可能发生喘振，应降低转速直至喘振消除为止。

③ 破坏了柴油机的平衡性，因而可能在某些转速范围内产生强烈的振动。如果振动异常强烈，应把柴油机转速进一步降低。

④ 应注意到被封的气缸处于启动位置时，柴油机就无法启动。

总之，封缸运行时，轮机长应综合考虑排气温度、振动、喘振等各因素，选择适宜的转速维持航行。

二、停增压器运转

由于涡轮增压器的严重故障（如轴承损坏、叶片大量断裂，增压器不能运行），一时又无法修复，此时柴油机转入停增压器紧急运转。

以下为停增压器运转的应急处理办法：

① 不允许柴油机停车的情况。短时间内运行，大大降低转速到无明显振动，控制排烟温度不增高太多。

② 损坏的涡轮增压器不能就地修好。在短时间内，锁住损坏的增压器转子或其他相应措施，重新启动柴油机运行。

③ 此时柴油机工作相当于非增压柴油机，因气阀重叠角较大，排气可能倒流，气缸充气量大幅度下降。此时，只有通过减速来降低排气温度，这将使得柴油机的功率和转速大幅度下降。

④ 为减少气阀重叠角，以免废气倒冲，应适当调整气阀定时；并适当减少气阀间隙以免阀杆撞击。若用调大气阀间隙方法来改变气阀定时，则敲击严重。

⑤ 如停增压器应急运转时间相当长，则应采取以下操作。

a. 增大供油提前角：防止后燃，降低排气温度。

b. 增大压缩比：提高压缩压力，降低排气温度。

c. 将转子拆出封闭：因增压器转子锁住后，其因两端温度不同，会使转子轴弯曲。

d. 使用进、排气各自的旁通管：减小进、排气的阻力。

三、拉缸的应急处理

1. 拉缸现象

拉缸现象指活塞环、活塞裙部与气缸套之间，相对往复运动的表面的相互作用而造成的表面损伤。这种损伤在程度上有所不同，故可分为划伤、拉缸和咬缸，在广义上统称为拉缸。

活塞环与气缸套之间发生的拉缸，通常发生于柴油机运转初期，即台架试验、海上试验和开航的初期，一旦磨合完毕之后，几乎不再发生活塞环与气缸套之间的拉缸。

活塞裙部与气缸套之间发生的拉缸，往往发生在磨合完毕后稳定运转的数千小时内。

拉缸损伤的机制大多是由于滑动部位的润滑油膜受到局部破坏，此时两个相对运动的表面突出部位首先发生金属接触，然后在局部出现微小的"熔着"现象，而熔着部位由于部件的相对运动又被撕裂。在这个过程中金属表面形成硬化层，在这个硬化层被破坏时，所产生的金属磨粒将成为加剧表面磨损的磨料。在出现所谓熔着磨损的短时间中，在活塞和气缸套表面上出现和气缸中心线相平行的高低不平的磨痕，这就是拉缸现象。严重时滑动部位完全黏着或卡住，甚至可能在两个表面的薄弱部位产生裂纹以致机件破坏，这时可称为"咬缸"。

2. 造成拉缸的原因

造成拉缸的原因十分复杂，包括设计制造工艺方面及材料的缺陷，如材料的选配、间隙大小的确定、装置的安装找正等是否恰当，结构布置是否合理，表面粗糙度的加工是否适宜，润滑冷却的安排是否完善等。但是设计制造精良的柴油机，运行管理不当也会产生拉缸事故，这主要有下列原因。

（1）磨合不充分　①没达到规定的磨合期，过早投入营运；②在磨合期内，分配各负荷下磨合的时间不合理，急于加大负荷运转。

（2）冷却不良　①冷却水泵供水不足或中断；②冷却水腔锈蚀或脏污；③水质太脏，水温过高；④水中含有气泡，积存在冷却水腔内没有放出。

（3）**活塞环断裂**　①搭口间隙过小，使活塞环断裂；②天地间隙过小，使活塞环卡死断裂；③ 搭口间隙过大或严重磨损；④ 环槽内积炭较多使活塞环黏着。

（4）燃用劣质油　① 不完全燃烧致使残炭增加；② 后燃使排温升高。

3. 拉缸前的征兆及拉缸时的表现

① 气缸冷却水出口温度明显升高。

② 如早期发现，可以听到活塞环与气缸壁间干摩擦的异常声响。

③ 当发生拉缸时，该缸曲柄越过止点位置时都会发出敲击声。此时，柴油机的转速会迅速下降或自行停车。

④ 曲轴箱温度升高，甚至有烟气冒出。

4. 发生拉缸时的应急措施

① 当发现拉缸时，必须迅速慢车，然后停车并立即进行转车（或盘车）。此时切勿加强气缸的冷却。

② 如因活塞咬死盘车盘不动时，可待活塞冷却一段时间后，再行盘车使之活动。

③ 当采用上述方法仍盘不动车时，可向活塞与气缸壁间注入煤油，待活塞冷却后撬动飞轮或盘车。若仍盘不动车，可拆下曲柄销轴承盖，将起吊螺栓装在活塞顶上用起重吊车吊出，同时亦应加注煤油。

④ 活塞吊出后仔细检查并将损坏的活塞环换新，同时用油石将缸套拉痕磨平。若活塞和缸套损坏情况严重，应予以换新。换新部件则必须进行磨合运转。

⑤ 如拉缸事故无法修复，可采取封缸运行的方法处理。

四、敲缸的原因及处理

1. 敲缸现象及分类

柴油机在运行中产生有规律性的不正常异音或敲击声，这种现象称为敲缸。

敲缸常分为燃烧敲缸和机械敲缸。由于燃烧方面的原因在上止点发出尖锐的金属敲击声称为燃烧敲缸。此时若继续运行，则柴油机的最高爆炸压力异常地增高，各部件的机械应力增大，在冲击力的作用下，运动部件会过快地磨损，并导致损坏。因运动部件和轴承间隙不正常所引起的钝重的敲击声或摩擦声，其特征是发生在活塞的上下止点部位或越过上下止点时，这种现象称为机械敲缸。

判断是哪种敲缸，可采用降低转速或单缸停油的方法：采取上述措施时，若敲击声随之消失，则为燃烧敲缸；若敲击声仍不消除，则很可能是机械敲缸。

2. 敲缸时的应急处理

首先采取降速运行的措施，避免部件损坏。如判定是燃烧敲缸，再停车进行如下检查修复：

① 对喷油器进行试压和调控，必要时予以换新。

② 检查喷油泵的供油量，必要时调整其有效行程。

③ 检查和调整喷油定时。

如因气缸或活塞过热产生沉重而又逐渐加重的敲击声，在未进行降速前，会出现转速随之自行下降的现象，这可按过热拉缸的措施进行处理。

因机械的缺陷造成敲击，一般没有应急的调整方法，只有更换备件进行修理。

没有备件或不能修理时，可降低到某个安全的转速继续航行。若机件的损坏影响安全运行又无备件可以更换，则可采取封缸的措施继续航行。

五、曲轴箱爆炸的原因、预防及处理

1. 曲轴箱爆炸的原因

由于曲柄连杆机构的运动，飞溅出许多滑油油滴，再加上油滴的蒸发气化，在运行中的柴油机曲轴箱内充满着油气。但是这种油气与空气的混合比例不一定处于可爆燃的混合比。即便达到了可爆燃的混合比，如果没有高温热源的存在，也是不会发生爆炸的。如果内部出现了局部高温热源，飞溅在热源表面上的油滴就会气化，而滑油蒸气在离开热源表面后又被冷凝成为更多更小的油粒悬浮在空气中，使油气的浓度逐渐加浓，形成乳白色的油雾。当油雾的浓度达到某一范围时，它就成为可爆燃的混合气，并会在高温热源的引燃下着火。如果着火前已有大量油雾存在，则一经着火就会使曲轴箱有限空间内的温度和压力急剧升高，并产生强烈的冲击波，造成具有破坏性的曲轴箱爆炸。

曲轴箱内油雾浓度达到可爆燃的混合比是爆炸的基本条件：

① 空气与油雾的可爆燃的比例下限为 100：1，比例上限为 7：1。

② 当油雾浓度在下限以下或在下限至上限的范围内时，爆炸的危险就一直存在。而当浓度超过上限时，即便有高温热源也不会发生爆炸。

高温热源的存在是爆炸的决定性因素：

① 正常情况曲轴箱中不应出现高温热源（或称热点）。

② 当两块金属直接接触时出现不正常磨损导致高温，如轴承过热或烧熔、活塞环漏气、拉缸等都会出现高温热源，它既能使滑油蒸发成油雾，又是可爆燃混合气的点火源。

③ 着火的基本条件：可爆燃混合气浓度的上限和下限，所需温度的上限和下限值所决定。润滑油蒸气：着火下限为 270～350 ℃，上限高于 400 ℃（蒸发温度在 200 ℃以上）。燃油如果漏入曲柄箱中会降低滑油的着火温度，从而使油雾在较低的温度下发生爆炸。

2. 曲轴箱爆炸的预防

如果平时对柴油机维护得很好，在有危险时又能及时发现和恰当处理，则能在很大程度上排除爆炸的可能。为了防止曲轴箱爆炸，常采用如下措施：

① 在管理上要避免使柴油机出现热源。应保证运动机件正确的相对位置和间隙，保持正常的润滑和冷却，以免运动部件过热、白合金烧熔、燃气泄漏等。运行中值班人员应定期探摸曲轴箱的温度。

② 在柴油机上装设油雾浓度检测器，用以连续监测曲轴箱内油雾浓度的变化，在油雾浓度接近着火下限时发出警报。

③ 为了保证润滑油蒸气低于燃爆下限，在柴油机上采取曲轴箱通风。在曲轴箱上装有透气管或抽风机，用以将油气引出机舱外，防止油气积聚。透气装置应装有止回阀，以防新鲜空气流入曲轴箱。

④ 在曲轴箱的排气侧盖上装有防爆门。防爆门的开启压力一般为 5～8 kPa。当曲轴箱内压力高到一定程度时，防爆门开启，释放曲轴箱内的气体，降低压力，随后自动关闭，从而可防止严重的爆炸事故发生。初次爆炸由于缓慢的燃烧速度，其压力不是很高，然而也足够冲破曲轴箱道门。如果不装防爆门，那么初次爆炸形成的真空，将通过打碎的道门吸入新鲜空气，如曲轴箱一直存在高温热源和很浓的油气，与新鲜空气混合后将产生带有爆震现象的第二次更强烈的爆炸。第二次爆炸出现爆炸火焰，在高压和强烈的冲击波下高速传播。

3. 曲轴箱爆炸的应急处理

① 如发现有爆炸危险的任何迹象，如曲轴箱发热、透气管冒出大量油气和嗅到油焦味、油雾检测器发出警报，都表明曲轴箱内出现了热源而有引

起爆炸的危险。此时应立即停车或降速运行。发电柴油机应在转换负荷后降速运行。如果停车，自带的滑油泵和冷却水泵也将停泵，反而容易在刚停车时发生曲轴箱爆炸。

② 在发现曲轴箱有爆炸危险期间，机舱人员不许在柴油机的装有防爆门的一侧停留，以免造成人身伤亡。

③ 当曲轴箱爆炸发生并将防爆门冲开后，要立即采取灭火措施，但不可马上打开曲轴箱道门或检查孔救火。

④ 如因曲轴箱内某些机件发热而停车，至少停车 15 min 后再开道门检查，以免新鲜空气进入而引起爆炸。

第十五章　渔船维修管理

第一节　船机故障分析

一、故障先兆

1. 船机性能方面

（1）功能异常

（2）温度异常

（3）压力异常

2. 船机外观显示方面

（1）外观反常　船机运转中油、水、气等有跑、冒、滴、漏等现象。排烟异常，如冒黑烟、蓝烟或白烟等。

（2）消耗反常　运转中燃油、滑油和冷却水的消耗量过多，或不但不消耗反而增加。如曲柄箱油位增高。

（3）气味反常　在机舱内嗅到橡胶、绝缘材料的"烧焦味"，变质滑油的刺激性气味等。

（4）声音异常　在机舱听到异常的敲击声。如柴油机的敲缸声、拉缸声，增压器喘振声。此外，还有螺旋桨鸣音及各种工作不正常的声音等。

以上各种故障先兆是提供给轮机人员的故障信息，帮助轮机人员及早发现事故隐患，以便防患于未然。

二、故障模式

船舶机械的故障模式有磨损、腐蚀、疲劳破坏等；电器的故障模式有短路、漏电、电路不通等。

常见的故障模式可按以下几个方面进行归纳：

1. 机械零部件材料性能

属于机械零部件材料性能方面的故障，包括疲劳、断裂、裂纹、蠕变、过度变形、材质劣化等。

2. 化学、物理状况

属于化学、物理状况异常方面的故障，包括腐蚀、油质劣化、绝缘绝热劣化、导电导热劣化、熔融、蒸发等。

3. 机械设备运动状态

属于机械设备运动状态方面的故障，包括振动、渗漏、堵塞、异常噪声等。

4. 综合原因

多种原因的综合表现，如磨损等。

此外，还有配合件的间隙增大或过盈丧失、固定和紧固装置松动与失效等。

三、故障规律

故障率规律按故障发生的时间分为三个阶段。

1. 早期故障期

早期故障期又称磨合期，是船机投入使用的初期。特点是故障率较高，但随使用时间的延长而迅速下降。主要是由于设计、制造的缺陷及操作不熟练、不准确和使用条件不适等造成的。调试、磨合、修理和更换有缺陷的零件等可使故障率很快降低，运转趋向稳定。

2. 随机故障期

随机故障期又称偶然故障期，指早期故障期之后、磨损故障期之前的一段时间。特点是：

① 运转稳定，故障率低，近于恒定，与使用时间关系不大。

② 出现的故障为偶然因素引起的随机故障，主要是设计、制造中的潜在缺陷、操作差错、维护不良和环境因素等引起的故障。不能通过调试消除，也不能用定期更换零部件来预防，所以随机故障是难以预料的。

③ 随机故障期较长，是船舶机械的主要使用期，也是进行可靠性评估的时期。

3. 磨损故障期

磨损故障期又称晚期故障期，在船舶机械寿命的后期出现。特点是故障率随时间的延长而迅速升高，是由于磨损、腐蚀、疲劳和老化造成的。如果在磨损故障期开始前进行修理或更换备件，则可延长随机故障期，推迟磨损故障期。

四、故障原因

1. 设计

设计中，应对船机设备未来的工作条件有正确估计，对可能出现的变异有充分考虑。设计方案不完善、设计图样和技术文件的审查不严是产生故障的重要原因。

2. 选材

在设计、制造和维修中，都要根据零件工作的性质和特点正确选用材料。材料选用不当或材料不符合规定，或选用了不适当的代用品是产生磨损、腐蚀、疲劳和老化等现象的主要原因。

此外，在制造和维修过程中，很多材料要经过锻造、铸造、焊接和热处理等加工工艺，在工艺过程中材料的金相组织、力学物理性能等均发生变化，其中加热和冷却的影响尤为明显。

3. 制造质量

制造工艺的每道工序都存在误差，其工艺条件和材质的离散性必然使零件在铸造、锻造、焊接、热处理和切削加工过程中积累了应力集中、局部和微观的金相组织缺陷、微观裂纹等，这些缺陷是造成机械寿命不长的重要原因。

4. 装配质量

船舶机械零部件间有适当的配合要求，配合间隙的极限值，包括装配后经过磨合的初始间隙过大或过小，都可造成有效寿命缩短。装配中各零部件之间的相互位置精度也很重要，若达不到要求，会引起附加应力、偏磨等后果，加速失效。

5. 维修

根据工艺合理、经济合算、生产可行的原则，合理进行维修，保证维修质量。

6. 使用

正确使用包括载荷、环境、保养和操作等方面。

7. 人为因素

统计资料表明，船舶海损、机损等事故的原因，约 80% 是人为因素造成的。船员素质低，不具备适任资格或操作错误等致使船舶机械和设备维护、保养不良而发生故障。因此，船员加强学习，提高专业知识和技术水平，取得适任资格是做好轮机管理工作的基本条件。

第二节　船机装配的要求、方法和装配过程中的注意事项

一、装配要求

船舶机械经拆卸、检验和清洗后，对损坏的零件进行修复或更换，然后进行装复和调试，恢复其原有的功能。装配工作是一项极为重要的工作，装配质量直接关系到柴油机运转的可靠性、经济性和使用寿命。装配工作的主要技术要求应达到正确配合、可靠固定和运转灵活。具体要求如下：① 保证各相对运动的配合件之间的正确配合性质和符合要求的配合间隙；② 保证机件连接的可靠性；③ 保证各机件轴心线之间的正确位置关系；④ 保证定时、定量机构的正确连接；⑤ 保证运动机件的动力平衡；⑥ 确保装配过程中的清洁。

二、装配方法

零件装配成部件时，可能是原件装配，也可能是更换的备件或者是更换加工的配制件进行装配。一般原件装配较为顺利，如果换新零件，则装配工作需要采用一定的方法才能达到装配要求。

1. 调节装配法

采用调节某一个特殊的零件如垫片、垫圈等来调整装配的精度。例如，用增减厚壁轴瓦结合面之间垫片的厚度来保证轴承间隙。

还可以用移动连接机构中某一零件的方法达到装配精度。例如，气阀间隙的调节，气阀定时和喷油定时的调整。

2. 机械加工修配法

采用修理尺寸法、尺寸选配法、镶套法等来使配合件恢复配合间隙和使用性能。

3. 钳工修配法

采用钳工修锉、刮研或研磨等方法达到装配精度。

三、装配工作的主要内容

① 清洁工作。装配前，应将零件彻底清洁干净，清除备件、修理的或新配制的零件上的毛刺、尖角，尤其是应使配合面上无瑕疵与脏污等。

② 对连接零件的结合面进行必要的修锉与拂刮，以保证连接件的紧密贴合。例如，气缸套与气缸体的结合面的修刮。

③ 对有过盈配合的配合件采用敲击、压力装配或热套合装配、冷套合装配。

④ 采用液压试验检验零件或系统的密封性。如对气缸套、活塞的水压试验。

⑤ 对各部件、配合件及机构进行试验、调整和磨合运转等。

⑥ 进行机器的装复，并作整机检验与调试，以检验机器的技术性能和修理质量，达到检修的目的。

四、装配过程中的注意事项

① 应熟悉机器的构造和零件之间的相互关系，以免装错或漏装。

② 有相对运动的配合件的配合表面和零件工作表面上不允许有擦伤、划痕和毛刺等，并保持清洁、干净。

③ 零件的摩擦表面（如气缸套内表面、活塞和活塞环外圆面）和螺纹应涂以清洁的机油，防止生锈。

④ 装配过程中对各活动部件应边装配边活动，以检查转动或移动的灵活性，应无卡阻。若待全部装配完毕再活动，则不能及时发现装配工作中的问题，甚至造成返工。

⑤ 对于有方向性要求的零件不应装错，例如装在活塞上的刮油环刮刃尖端应在下方，才能将气缸壁上多余的润滑油刮下。如装反了就会向上刮油，加强了压力环的泵油作用，使大量滑油进入燃烧室。

⑥ 旧的金属垫片，如完好无损，可继续使用；而纸质、软木、石棉等旧垫片则一律换新。

⑦ 重要螺栓如有变形、伸长、螺纹损伤和裂纹等，均应换新。安装固定螺栓的预紧力和上紧顺序，均应按说明书或有关规定操作。

⑧ 对规定安装开口销、锁紧片、弹簧垫圈、保险铁丝等锁紧零件的部

位，均应按要求装妥，锁紧零件的尺寸规格亦应符合要求。

⑨ 安装中，需用锤敲击的时候，一般采用木槌或软金属棒敲击，且不能敲打零件工作表面或配合面。

第三节　修船管理

一、坞修（上排）工程

1. 轮机坞修（上排）的主要项目

（1）海底阀箱的检查与修理　拆下格栅，检查连接螺栓和螺帽，钢板敲锈出白，涂防锈漆 2～3 度；箱内锌块换新；如钢板锈蚀严重，必要时应测厚检查，钢板换新后必须对海底阀箱进行水压试验。

（2）海底阀的检查与修理　各海底阀应解体清洁，阀体在清除锈后涂防锈漆 2～3 度；阀及阀座应研磨密封，如锈蚀严重，可光车后再磨；阀杆填料换新；海底阀与阀箱的连接螺栓检查，锈蚀严重时，应换新。

（3）螺旋桨的检查与修理　拆下螺旋桨进行检查，桨叶表面抛光，测量螺距。桨叶如有变形，应予矫正和做静平衡试验，如发现桨叶有裂缝和破损，需按螺旋桨修理标准进行焊补和修理。

（4）螺旋桨轴及轴承的检查与修理　当抽轴检查时，应对螺旋桨轴的锥部进行探伤检查，检查铜套是否密封，滑油密封装置应换新密封圈，锥部的键槽和键应仔细检查，如换新必须与键槽研配，测量轴承下沉量与轴承间隙，检查轴承磨损情况。

（5）舵系的检查和修理　对舵杆、舵轴承、舵叶、舵梢、密封填料装置进行检查，如发现缺损、碰撞等缺陷，及时进行修复。

（6）船舷排出阀、海水出水阀等　位于流水线以下，应与海底阀一样严格检查修理。

2. 坞修（上排）的准备工作

坞修的时间安排十分紧凑，为了顺利完成各项坞修工程项目，不误坞期，应做好下列各项准备工作：

① 编制好坞修项目修理单，将修理单提前报坞修的船厂。

② 为节省经费，船方应预先订购好坞修所需的重要备件。如需抽出螺旋桨轴检查，则必须备好密封装置的密封环和螺旋桨 O 形密封圈，否则会

延误坞修期或者不能进行抽轴检查。

③ 准备好坞修所需的专用工具，如拆装螺旋桨螺帽的专用扳手、液压工具，拆装中间轴法兰螺栓的专用扳手，移动中间轴和螺旋桨轴的滑道滚轮，测量螺旋桨轴下沉量的专用测量工具等。

④ 准备好有关图纸资料，如船体的进坞安排图、螺旋桨图、螺旋桨轴及其轴承图，以及上次坞修的测量记录和检验报告等，提供给船厂和验船师参考。

⑤ 油舱的清洁处理。对于需要烧焊和明火作业的油舱，必须将油驳出，并经过洗舱和防爆安全检验。

⑥ 与厂方商洽坞修事项，如进出坞日期，岸电的供应、淡水的供应、冷藏系统冷却水的供应、消防水的供应、厨房的使用、卫生设备的使用、油水的调驳和临时追加项目的可能性等。

3. 坞修工程的验收

(1) 主要坞修项目的修理标准

① 螺旋桨的修理技术标准中的有关数据；

② 尾轴与尾轴承的装配；

③ 尾轴与螺旋桨的装配；

④ 尾轴密封装置的装配。

(2) **质量检查与验收** 坞修中的各海底阀和通海阀必须解体、清洁，打磨完好，阀与阀座的密封面经轮机员检查认可后才能装复。

安装尾轴和螺旋桨时，轮机长应在场监督进行。

对坞修中的各项修理项目，应按修理单的要求检查修理质量，必要时应做水压试验和运行试验。

(3) **测量记录的交验** 坞修的测量记录（如尾轴下沉量，螺旋桨螺距测量和静平衡试验，尾轴承间隙，舵承间隙，轴系找正等）和其他年度检验的测量记录，应一式两份提交给轮机长。

(4) **验船师的检验** 主要坞修工程应申请验船师现场检验，签署检验报告。

(5) **出坞前的检查** 出坞前，轮机长应对下列修理工程仔细检查，认可后方可允许出坞：

① 检查海底阀箱的格栅是否装妥，箱中是否有被遗忘的工具、塑料布等异物。所有海底阀和出海阀是否装妥。

② 检查舵、螺旋桨和尾轴是否装妥，保护将军帽是否涂好水泥，尾轴密封装置装妥后充油做油压试验。

③ 船底塞及各处锌板是否装复好。

④ 坞内放水后检查各海水阀和管路，先使各阀处于关闭状态，观察海水有无漏入管内，然后分别开启各阀，对所有管路接头及拆修过的部分检查是否漏水，必要时上紧连接螺栓。

⑤ 坞内放水后对海水系统放空气，使其充满海水。

⑥ 冷却系统、燃油系统和润滑油系统正常工作后，启动柴油发电机，切断岸电，自行供电。

二、系泊试验及航行试验

船舶动力装置进厂修理完工之后，应进行交船试验：系泊试验和航行试验。

1. 系泊试验

柴油机系泊试验的运行工况及试验时间，必须严格按试验大纲进行，一般柴油机系泊试验时的试验工况及试验时间可参阅表 15-1。

表 15-1　系泊试验时的试验工况及试验时间

序号	状态	主机转速（r/min）	主机功率（kW）	
			试验时间＜370 h	试验时间＞370 h
1	正车	$n_H \times 50\%$	1/4	1/2
2		$n_H \times 70\%$	1/2	1
3		$n_H \times 80\%$	2	2
4	倒车	$n_H \times 70\%$	1/4	1/4

注：n_H 为额定转速。

柴油机系泊试验结束后，按试验大纲的规定进行个别部件的检查。通常在热态下打开曲轴箱盖，直接测量各个轴承温度，拆开 1～2 组主轴承或曲柄轴承，检查轴瓦工作情况，有时尚需拆卸缸盖，检查活塞与汽缸套的工作情况。最后按规定格式填写试验报告。

2. 航行试验

动力装置的航行试验是船舶处于航行状态下，全面检验船舶动力装置各部分的质量、运转性能及其可靠性，确定船舶在各种航线工况下的航速、推进装置的工作时燃油消耗率等动力装置的性能指标。同时，还要配合其他部门测定船舶的操纵性能、灵活性能、航向的稳定性，以及对于规定航区的适应性等。航行试验的工况与时间见表 15-2。

表 15-2　航行试验的工况与时间

主机转速（r/min）	试验时间（h）	
	主机功率＜370 kW	主机功率＞370 kW
80%n_H	1/2	1/2
91%n_H	1	1
100%n_H	2	3
倒车 85%n_H	1/4	1/4

注：n_H 为额定转速。

第十六章　渔船安全管理

第一节　渔业管理法律法规相关内容

一、《中华人民共和国渔业法》

现行《中华人民共和国渔业法》（以下简称《渔业法》）共有六章五十条。包括：

第一章总则，阐明了渔业法的立法目的、适用的对象和范围、渔业生产的基本方针、各级人民政府的职责和渔业监督的原则。

第二章养殖业，规定了我国养殖业的生产方针和养殖业的有关管理制度。

第三章捕捞业，规定了我国捕捞业的生产方针和捕捞业的有关管理制度，包括捕捞许可制度、渔业船舶检验制度等。

第四章渔业资源的增殖和保护，规定了征收渔业资源增殖保护费制度和渔业资源保护制度。

第五章法律责任，规定了违反渔业法应当承担的各种法律责任。

第六章附则，规定了关于渔业法的实施细则的制定、实施办法和实施时间等方面的内容。

1.《渔业法》立法目的

《渔业法》第一条规定："为了加强渔业资源的保护、增殖、开发和合理利用，发展人工养殖，保障渔业生产者的合法权益，促进渔业生产的发展，适应社会主义建设和人民生活的需要，特制定本法"。

2.《渔业法》适用的效力

《渔业法》适用的效力指渔业法发生效力的地域范围、生效的时间和发生效力的对象。

（1）《渔业法》生效的地域范围　包括中华人民共和国的内水、滩涂、领海、专属经济区，以及中华人民共和国管辖的一切其他海域。

（2）《渔业法》的生效时间　1986 年 7 月 1 日；2000 年修改决定于 2000 年 12 月 1 日生效；2004 年修改决定于 2004 年 8 月 28 日生效。

（3）《渔业法》发生效力的对象　在《渔业法》发生效力的地域从事渔业活动的任何单位或个人。外国人、外国渔业船舶进入中华人民共和国管辖水域，从事渔业生产或者渔业资源调查活动，必须经国务院有关主管部门批准，并遵守本法和中华人民共和国其他的有关法律、法规的规定；和中华人民共和国签署有条约、协定的，按照所签署的条约、协定办理。

二、《中华人民共和国海上交通安全法》

《中华人民共和国海上交通安全法》是我国海上交通安全管理的基本法，于 1984 年 1 月 1 日起施行。该法共 12 章 53 条，分为：总则；船舶检验和登记；船舶、设施上的人员；航行、停泊和作业；安全保障；危险货物运输；海难救助；打捞清除；交通事故的调查处理；法律责任；特别规定及附则。

1. 总则

制定本法的目的，在于加强海上交通管理，保障船舶、设施和人命财产的安全，维护国家权益。本法授权中华人民共和国海事机关，是对沿海水域的交通安全实施统一监督管理的主管机关。

2. 适用范围

（1）适用水域　《中华人民共和国海上交通安全法》适用的水域为中华人民共和国沿海水域。沿海水域指中华人民共和国沿海港口、内水和领海，以及国家管辖的一切其他海域。

① 沿海港口：指我国沿海岸线上的海港。

② 内水：指我国领海基线向陆地一侧的所有海域，包括内海、内海湾、内海峡、河口湾以及测算领海基线与海岸之间的海域等。

③ 领海：根据海洋法公约的规定，领海指沿海国陆地领土及其内水以外邻接的一带海域，在群岛国的情形下，领海指其群岛水域以外邻接的一带海域。领海是国家领土在海中的延续。根据《中华人民共和国领海及毗连区法》的规定，我国领海是自领海基线起向外延伸 12 n mile 的海域。

④ 国家管辖的一切其他海域：颁布《中华人民共和国海上交通安全法》时，我国并未对外公布专属经济区、大陆架等的范围，所以，在立法时对这些管辖海域做了灵活的处理，将其放其放在国家管辖的一切其他海域之中，

以便使其适用《中华人民共和国海上交通安全法》。

（2）适用对象　《中华人民共和国海上交通安全法》适用对象为中华人民共和国沿海水域中航行、停泊和作业的一切船舶、设施和人员，以及船舶、设施的所有人、经营人。

①船舶：指各类排水或非排水船、筏、水上飞机、潜水器和移动式平台。

②设施：指水上、下各种固定或浮动建筑、装置和固定平台。

三、《中华人民共和国渔港水域交通安全管理条例》

《中华人民共和国渔港水域交通安全管理条例》是根据《中华人民共和国海上交通安全法》的相关规定制定的，共28条。自1989年8月1日起施行。中华人民共和国渔政渔港监督管理机关是对渔港水域交通安全实施监督管理的主管机关，并负责沿海水域渔业船舶之间交通事故的调查处理。

1. 适用范围

（1）**适用水域**　本条例适用于适用水域为在中华人民共和国沿海以渔业为主的渔港和渔港水域（以下简称"渔港"和"渔港水域"）。

①渔港：指主要为渔业生产服务和供渔业船舶停泊、避风、装卸渔获物和补充渔需物资的人工港口或者自然港湾。

②渔港水域：指渔港的港池、锚地、避风湾和航道。

（2）**适用对象**　本条例适用于在中华人民共和国沿海以渔业为主的渔港和渔港水域（以下简称"渔港"和"渔港水域"）航行、停泊、作业的船舶、设施和人员，以及船舶、设施的所有者、经营者。

本条例渔业船舶的含义：指从事渔业生产的船舶，以及属于水产系统为渔业生产服务的船舶，包括捕捞船、养殖船、水产运销船、冷藏加工船、油船、供应船、渔业指导船、科研调查船、教学实习船、渔港工程船、拖轮、交通船、驳船、渔政船和渔监船。

2. 相关内容

①船舶进出渔港必须遵守渔港管理章程及国际海上避碰规则，并依照规定办理签证，接受安全检查。渔港内的船舶必须服从渔政渔港监督管理机关对水域交通安全秩序的管理。

②在渔港内的航道、港池、锚地和停泊区，禁止从事有碍海上交通安全的捕捞、养殖等生产活动；确需从事捕捞、养殖等生产活动的，必须经渔政渔港监督管理机关批准。

③ 渔业船舶必须经船舶检验部门检验合格，取得船舶技术证书，并领取渔政渔港监督管理机关签发的渔业船舶航行签证簿后，方可从事渔业生产。

④ 渔业船舶之间发生交通事故，应当向就近的渔政渔港监督管理机关报告，并在进入第一个港口 48 h 之内向渔政渔港监督管理机关递交事故报告书和有关材料，接受调查处理。

3. 罚则

违反本条例规定，有下列行为之一的，由渔政渔港监督管理机关责令停止违法行为，可以并处警告、罚款；造成损失的，应当承担赔偿责任；对直接责任人员由其所在单位或者上级主管机关给予行政处分：

① 未经渔政渔港监督管理机关批准或者未按照批准文件的规定，在渔港内装卸易燃、易爆、有毒等危险货物的。

② 在渔港内的航道、港池、锚地和停泊区从事有碍海上交通安全的捕捞、养殖等生产活动的。

③ 未持有船舶证书或者未配齐船员的，由渔政渔港监督管理机关责令改正，可以并处罚款。

④ 不执行渔政渔港监督管理机关作出的离港、停航、改航、停止作业的决定，或者在执行中违反上述决定的，由渔政渔港监督管理机关责令改正，可以并处警告、罚款；情节严重的，扣留或者吊销船长职务证书。

四、《中华人民共和国渔业船舶检验条例》

《中华人民共和国渔业船舶检验条例》经国务院批准，自 2003 年 8 月 1 日起施行。本条例共 7 章 40 条，分为：总则；初次检验；营运检验；临时检验；监督管理；法律责任；附则。

1. 总则

依照《中华人民共和国渔业法》制定本条例的目的在于规范渔业船舶的检验，保证渔业船舶具备安全航行和作业的条件，保障渔业船舶和渔民生命财产的安全，防止污染环境。本条例授权中华人民共和国渔业船舶检验局行使渔业船舶检验及其监督管理职能。地方渔业船舶检验机构依照本条例规定，负责有关的渔业船舶检验工作。

2. 初次检验

渔业船舶的初次检验，指渔业船舶检验机构在渔业船舶投入营运前对其所实施的全面检验。下列渔业船舶的所有者或者经营者应当申报初次检验：

① 制造的渔业船舶。

② 改造的渔业船舶（包括非渔业船舶改为渔业船舶、国内作业的渔业船舶改为远洋作业的渔业船舶）。

③ 进口的渔业船舶。

3. 营运检验

渔业船舶的营运检验，指渔业船舶检验机构对营运中的渔业船舶所实施的常规性检验。营运中的渔业船舶的所有者或者经营者应当按照国务院渔业行政主管部门规定的时间申报营运检验。渔业船舶检验机构应当按照国务院渔业行政主管部门的规定，根据渔业船舶运行年限和安全要求对下列项目实施检验：

① 渔业船舶的结构和机电设备。

② 与渔业船舶安全有关的设备、部件。

③ 与防止污染环境有关的设备、部件。

④ 国务院渔业行政主管部门规定的其他检验项目。

4. 临时检验

渔业船舶的临时检验，指渔业船舶检验机构对营运中的渔业船舶出现特定情形时所实施的非常规性检验。有下列情形之一的渔业船舶，其所有者或者经营者应当申报临时检验：

① 因检验证书失效而无法及时回船籍港的。

② 因不符合水上交通安全或者环境保护法律、法规的有关要求，被责令检验的。

③ 具有国务院渔业行政主管部门规定的其他特定情形的。

5. 监督管理

有下列情形之一的渔业船舶，渔业船舶检验机构不得受理检验：

① 设计图纸、技术文件未经渔业船舶检验机构审查批准或者确认的。

② 违反本条例规定制造、改造的。

③ 违反本条例规定维修的。

④ 按照国家有关规定应当报废的。

6. 法律责任

① 渔业船舶未经检验、未取得渔业船舶检验证书擅自下水作业的，没收该渔业船舶。按照规定应当报废的渔业船舶继续作业的，责令立即停止作业，收缴失效的渔业船舶检验证书，强制拆解应当报废的渔业船舶，并处

2 000 元以上 5 万元以下的罚款；构成犯罪的，依法追究刑事责任。

　　② 渔业船舶应当申报营运检验或者临时检验而不申报的，责令立即停止作业，限期申报检验；逾期仍不申报检验的，处 1 000 元以上 1 万元以下的罚款，并可以暂扣渔业船舶检验证书。

　　③ 有下列行为之一的，责令立即改正，处 2 000 元以上 2 万元以下的罚款；正在作业的，责令立即停止作业；拒不改正或者拒不停止作业的，强制拆除非法使用的重要设备、部件和材料或者暂扣渔业船舶检验证书；构成犯罪的，依法追究刑事责任：a. 使用未经检验合格的有关航行、作业和人身财产安全，以及防止污染环境的重要设备、部件和材料，制造、改造、维修渔业船舶的；b. 擅自拆除渔业船舶上有关航行、作业和人身财产安全，以及防止污染环境的重要设备、部件的；c. 擅自改变渔业船舶的吨位、载重线、主机功率、人员定额和适航区域的。

　　④ 伪造、变造渔业船舶检验证书、检验记录和检验报告，或者私刻渔业船舶检验业务印章的，应当予以没收；构成犯罪的，依法追究刑事责任。

五、《中华人民共和国渔业船员管理办法》

　　《中华人民共和国渔业船员管理办法》经农业部批准，自 2015 年 1 月 1 日起施行。本办法共 8 章 53 条，分为：总则；渔业船员任职和发证；渔业船员配员和职责；渔业船员培训和服务；渔业船员职业管理与保障；监督管理；罚则；附则。

1. 总则

　　依据《中华人民共和国船员条例》制定本办法的目的，在于加强渔业船员管理，维护渔业船员合法权益，保障渔业船舶及船上人员的生命财产安全。

　　(1) 适用对象　本办法适用于在中华人民共和国国籍渔业船舶上工作的渔业船员的管理。

　　(2) 主管机关　农业部负责全国渔业船员管理工作。县级以上地方人民政府渔业行政主管部门及其所属的渔政渔港监督管理机构，依照各自职责负责渔业船员管理工作。

2. 渔业船员任职、培训和发证

　　渔业船员实行持证上岗制度。渔业船员应当按照本办法的规定接受培训，经考试或考核合格、取得相应的渔业船员证书后，方可在渔业船舶上工作。

　　① 渔业船员分为职务船员和普通船员。

职务船员分为海洋渔业职务船员（证书）和内陆渔业职务船员（证书）。职务船员是负责船舶管理的人员，包括以下五类：

a. 驾驶人员，职级包括船长、船副、助理船副；

b. 轮机人员，职级包括轮机长、管轮、助理管轮；

c. 机驾长；

d. 电机员；

e. 无线电操作员。

② 海洋渔业职务船员证书等级。

a. 驾驶人员证书。

一级证书：适用于船舶长度 45 m 以上的渔业船舶，包括一级船长证书、一级船副证书。

二级证书：适用于船舶长度 24 m 以上不足 45 m 的渔业船舶，包括二级船长证书、二级船副证书。

三级证书：适用于船舶长度 12 m 以上不足 24 m 的渔业船舶，包括三级船长证书。

助理船副证书：适用于所有渔业船舶。

b. 轮机人员证书：

一级证书：适用于主机总功率 750 kW 以上的渔业船舶，包括一级轮机长证书、一级管轮证书。

二级证书：适用于主机总功率 250 kW 以上不足 750 kW 的渔业船舶，包括二级轮机长证书、二级管轮证书。

三级证书：适用于主机总功率 50 kW 以上不足 250 kW 的渔业船舶，包括三级轮机长证书。

助理管轮证书：适用于所有渔业船舶。

c. 机驾长证书：适用于船舶长度不足 12 m 或者主机总功率不足 50 kW 的渔业船舶上，驾驶与轮机岗位合一的船员。

d. 电机员证书：适用于发电机总功率 800 kW 以上的渔业船舶。

e. 无线电操作员证书：适用于远洋渔业船舶。

③ 渔业船员培训包括基本安全培训、职务船员培训和其他培训。

a. 基本安全培训：指渔业船员都应当接受的任职培训，包括水上求生、船舶消防、急救、应急措施、防止水域污染、渔业安全生产操作规程等内容。

b. 职务船员培训：指职务船员应当接受的任职培训，包括拟任岗位所需的专业技术知识、专业技能和法律法规等内容。

c. 其他培训：指远洋渔业专项培训和其他与渔业船舶安全和渔业生产相关的技术、技能、知识、法律法规等培训。

④ 申请渔业普通船员证书应当具备以下条件：a. 年满 16 周岁。b. 符合渔业船员健康标准。c. 经过基本安全培训。

⑤ 申请渔业职务船员证书应当具备以下条件：a. 持有渔业普通船员证书或下一级相应职务船员证书。b. 年龄不超过 60 周岁，对船舶长度不足 12 m或者主机总功率不足 50 kW 渔业船舶的职务船员，年龄资格上限可由发证机关根据申请者身体健康状况适当放宽。c. 符合任职岗位健康条件要求。d. 具备相应的任职资历条件，且任职表现和安全记录良好。e. 完成相应的职务船员培训，在远洋渔业船舶上工作的驾驶和轮机人员，还应当接受远洋渔业专项培训。

⑥ 渔业职务船员按照以下顺序依次晋升：

a. 驾驶人员：助理船副→三级船长或二级船副→二级船长或一级船副→一级船长。

b. 轮机人员：助理管轮→三级轮机长或二级管轮→二级轮机长或一级管轮→一级轮机长。

⑦ 申请海洋渔业职务船员证书考试资历条件：

a. 初次申请：申请助理船副、助理管轮、机驾长、电机员、无线电操作员职务船员证书的，应当担任渔捞员、水手、机舱加油工或电工实际工作满 24 个月。

b. 申请证书等级职级提高：持有下一级相应职务船员证书，并实际担任该职务满 24 个月。

⑧ 航海、海洋渔业、轮机管理、机电、船舶通信等专业的院校毕业生申请渔业职务船员证书，具备本办法第八条规定的健康及任职资历条件的，可申请考核。经考核合格，按以下规定分别发放相应的渔业职务船员证书：

a. 高等院校本科毕业生按其所学专业签发一级船副、一级管轮、电机员、无线电操作员证书；

b. 高等院校专科（含高职）毕业生按其所学专业签发二级船副、二级管轮、电机员、无线电操作员证书；

c. 中等专业学校毕业生按其所学专业签发助理船副、助理管轮、电机员、无线电操作员证书。

⑨ 曾在军用船舶、交通运输船舶等非渔业船舶上任职的船员申请渔业船员证书，应当参加考核。经考核合格，由渔政渔港监督管理机构换发相应的渔业普通船员证书或渔业职务船员证书。

⑩ 渔业船员考试包括理论考试和实操评估。海洋渔业船员考试大纲由农业部统一制定并公布。内陆渔业船员考试大纲由省级渔政渔港监督管理机构根据本辖区的具体情况制定并公布。

⑪ 渔业船员证书的有效期不超过 5 年。证书有效期满，持证人应当向有相应管理权限的渔政渔港监督管理机构申请换发证书。渔政渔港监督管理机构可以根据实际需要和职务知识技能更新情况组织考核，对考核合格的，换发相应渔业船员证书。渔业船员证书期满 5 年后，持证人需要从事渔业船员工作的，应当重新申请原等级原职级证书。

⑫ 有效期内的渔业船员证书损坏或丢失的，应当凭损坏的证书原件或在原发证机关所在地报纸刊登的遗失声明，向原发证机关申请补发。

3. 渔业船员配员

① 海洋渔业船舶应当满足本办法规定（表 16-1）的职务船员最低配员标准。持有高等级职级船员证书的船员可以担任低等级职级船员职务。

② 渔业船舶在境外遇有不可抗力或其他持证人不能履行职务的特殊情况，导致无法满足本办法规定的职务船员最低配员标准时，可以由船舶所有人或经营人向船籍港所在地省级渔政渔港监督管理机构申请临时担任上一职级的特免证明。特免证明有效期不得超过 6 个月。

③ 中国籍渔业船舶的船员应当由中国籍公民担任。确需由外国籍公民担任的，应当持有所属国政府签发的相关身份证件，在我国依法取得就业许可，并按本办法的规定取得渔业船员证书。

表 16-1　渔业船员最低配员标准

配员船舶类型	职务船员最低配员标准		
长度≥45 m 远洋渔业船舶	一级船长	一级船副	助理船副 2 名
长度≥45 m 非远洋渔业船舶	一级船长	一级船副	助理船副
36 m≤长度＜45 m	二级船长	二级船副	助理船副
24 m≤长度＜36 m	二级船长	二级船副	
12 m≤长度＜24 m	三级船长	助理船副	
主机总功率≥3 000 kW	一级轮机长	一级管轮	助理管轮 2 名
750 kW≤主机总功率＜3 000 kW	一级轮机长	一级管轮	助理管轮

（续）

配员船舶类型	职务船员最低配员标准		
450 kW≤主机总功率＜750 kW	二级轮机长	二级管轮	助理管轮
250 kW≤主机总功率＜450 kW	二级轮机长	二级管轮	
50 kW≤主机总功率＜250 kW	三级轮机长		
船舶长度不足 12 m 或者主机总功率不足 50 kW	机驾长		
发电机总功率 800 kW 以上	电机员，可由持有电机员证书的轮机人员兼任		
远洋渔业船舶	无线电操作员，可由持有全球海上遇险和安全系统（GMDSS）无线电操作员证书的驾驶人员兼任		

4. 渔业船员职业管理与保障

① 渔业船舶所有人或经营人应当依法与渔业船员订立劳动合同。

② 渔业船舶所有人或经营人应当依法为渔业船员办理保险。

③ 渔业船舶所有人或经营人应当保障渔业船员的生活和工作场所符合《渔业船舶法定检验规则》对船员生活环境、作业安全和防护的要求，并为船员提供必要的船上生活用品、防护用品、医疗用品，建立船员健康档案，为船员定期进行健康检查和心理辅导，防治职业疾病。

④ 渔业船员在船上工作期间受伤或者患病的，渔业船舶所有人或经营人应当及时给予救治；渔业船员失踪或者死亡的，渔业船舶所有人或经营人应当及时做好善后工作。

⑤ 渔业船舶所有人或经营人是渔业安全生产的第一责任人，应当保证安全生产所需的资金投入，建立健全安全生产责任制，按照规定配备船员和安全设备，确保渔业船舶符合安全适航条件，并保证船员足够的休息时间。

5. 罚则

① 罚款。

② 吊销渔业船员证书。

③ 依法追究刑事责任。

六、《中华人民共和国船舶进出渔港签证办法》

《中华人民共和国船舶进出渔港签证办法》经农业部批准，于 1990 年 1 月 26 日农业部实施执行，并于 1997 年 12 月 25 日农业部令进行修订。本办法共 5 章 20 条，分为：总则；签证办法；签证条件；违章处罚；附则。

1. 总则

依据《中华人民共和国海上交通安全法》《中华人民共和国防止船舶污染海域管理条例》及《中华人民共和国渔港水域交通安全管理条例》等有关法律、行政法规，特制定本办法的目的，在于维护渔港正常秩序，保障渔港设施、船舶及人命、财产安全，防止污染渔港水域环境，加强进出渔港船舶的监督管理。

① 凡进出渔港（含综合性港口内的渔业港区、水域、锚地和渔船停泊的自然港湾）的中国籍船舶均应遵守本办法。

② 下列船舶可免予签证：a. 在执行公务时的军事、公安、边防、海关、海监、渔政船等国家公务船。b. 体育运动船。c. 经渔港监督机关批准免予签证的其他船舶。d. 中华人民共和国渔港监督机关是依据本办法负责船舶进出渔港签证工作和对渔业船舶实施安全检查的主管机关。

2. 签证办法

① 船舶应在进港后 24 h 内（在港时间不足 24 h 的，应于离港前）应向渔港监督机关办理进出港签证手续，并接受安全检查。签证工作一般实行进出港一次签证。

② 在海上连续作业时间不超过 24 h 的渔业船舶（包括水产养殖船），以及长度在 12 m 以下的小型渔业船舶，可以向所在地或就近渔港的渔港监督机关或其派出机构办理定期签证，并接受安全检查。

③ 渔港监督机关办理进出港签证，须填写《渔业船舶进出港签证登记簿》和《渔业船舶航行签证簿》备查。

3. 签证条件

进出渔港的船舶须符合下列条件，方能办理签证：

① 船舶证书（国籍证书或登记证书、船舶检验证书、航行签证簿）齐全、有效。

② 捕捞渔船须有渔业捕捞许可证。

③ 捕捞渔船临时从事载客、载货运输时，须向船舶检验部门申请临时检验，并取得有关证书。

④ 150 总吨以上的油轮、400 总吨以上的非油轮和主机额定功率 300 kW 以上的渔业船舶，应备有油类记录簿。

⑤ 按规定配齐船员、职务船员应持有有效的职务证书。

⑥ 船舶处于适航状态。各种有关航行安全的重要设施及救生、消防设

备按规定配备齐全，并处于良好使用状态。装载合理，按规定标写船名、船号、船籍港和悬挂船名牌。

⑦ 根据天气预报，海上风力没有超过船舶抗风等级。

4. 违章处罚

警告、罚款、扣留或者吊销船长职务证书（扣留职务证书时间不得超过6个月）。

七、《中华人民共和国渔业船舶水上安全事故报告和调查处理规定》

《中华人民共和国渔业船舶水上安全事故报告和调查处理规定》经农业部批准，自 2013 年 2 月 1 日起施行。本规定共 6 章 41 条，分为：总则；事故报告；事故调查；事故处理；调解；附则。

1. 总则

《中华人民共和国渔业船舶水上安全事故报告和调查处理规定》是为了加强渔业船舶水上安全管理，规范渔业船舶水上安全事故的报告和调查处理工作，落实渔业船舶水上安全事故责任追究制度而制定的规定。

① 适用范围。

a. 船舶、设施在中华人民共和国渔港水域内发生的水上安全事故。

b. 在中华人民共和国渔港水域外从事渔业活动的渔业船舶，以及渔业船舶之间发生的水上安全事故（包括自然灾害事故）。

② 渔业船舶水上安全事故等级。

a. 特别重大事故：指造成 30 人以上死亡、失踪，或 100 人以上重伤（包括急性工业中毒，下同），或 1 亿元以上直接经济损失的事故。

b. 重大事故：指造成 10 人以上 30 人以下死亡、失踪，或 50 人以上100 人以下重伤，或 5 000 万元以上 1 亿元以下直接经济损失的事故。

c. 较大事故：指造成 3 人以上 10 人以下死亡、失踪，或 10 人以上50 人以下重伤，或 1 000 万元以上 5 000 万元以下直接经济损失的事故。

d. 一般事故：指造成 3 人以下死亡、失踪，或 10 人以下重伤，或1 000 万元以下直接经济损失的事故。

2. 事故报告

① 发生渔业船舶水上安全事故后，当事人或其他知晓事故发生的人员应当立即向就近渔港或船籍港的渔船事故调查机关报告。

② 渔船事故调查机关接到渔业船舶水上安全事故报告后，应当立即核

实情况，采取应急处置措施，并按下列规定及时上报事故情况。

③ 远洋渔业船舶发生水上安全事故，由船舶所属、代理或承租企业向其所在地省级渔船事故调查机关报告，并由省级渔船事故调查机关向农业部报告。中央企业所属远洋渔业船舶发生水上安全事故，由中央企业直接报告农业部。

④ 渔业船舶在渔港水域外发生水上安全事故，应当在进入第一个港口或事故发生后 48 h 内向船籍港渔船事故调查机关提交水上安全事故报告书和必要的文书资料。

⑤ 水上安全事故报告书应当包括以下内容：

a. 船舶、设施概况和主要性能数据。

b. 船舶、设施所有人或经营人名称、地址、联系方式，船长及驾驶值班人员、轮机长及轮机值班人员姓名、地址、联系方式。

c. 事故发生的时间、地点。

d. 事故发生时的气象、水域情况。

e. 事故发生详细经过（碰撞事故应附相对运动示意图）。

f. 受损情况（附船舶、设施受损部位简图），提交报告时难以查清的，应当及时检验后补报。

g. 已采取的措施和效果。

h. 船舶、设施沉没的，说明沉没位置。

i. 其他与事故有关的情况。

3. 事故调查

① 事故当事人和有关人员应当配合调查，如实陈述事故的有关情节，并提供真实的文书资料。

② 渔船事故调查机关因调查需要，可以责令当事船舶驶抵指定地点接受调查。除危及自身安全的情况外，当事船舶未经渔船事故调查机关同意，不得驶离指定地点。

4. 事故处理

① 对渔业船舶水上安全事故负有责任的人员和船舶、设施所有人、经营人，由渔船事故调查机关依据有关法律法规给予行政处罚，并可建议有关部门和单位给予处分。

② 根据渔业船舶水上安全事故发生的原因，渔船事故调查机关可以责令有关船舶、设施的所有人、经营人限期加强对所属船舶、设施的安全管

理。对拒不加强安全管理或在期限内达不到安全要求的，渔船事故调查机关有权禁止有关船舶、设施离港，或责令其停航、改航、停止作业，并可依法采取其他必要的强制处置措施。

③ 渔业船舶水上安全事故当事人和有关人员涉嫌犯罪的，渔船事故调查机关应当依法移送司法机关追究刑事责任。

5. 调解

① 因渔业船舶水上安全事故引起的民事纠纷，当事人各方可以在事故发生之日起 30 日内，向负责事故调查的渔船事故调查机关共同书面申请调解。渔船事故调查机关开展调解，应当遵循公平自愿的原则。

已向仲裁机构申请仲裁或向人民法院提起诉讼，当事人申请调解的，不予受理。

② 已向渔船事故调查机关申请调解的民事纠纷，当事人中途不愿调解的，应当递交终止调解的书面申请，并通知其他当事人。自受理调解申请之日起 3 个月内，当事人各方未达成调解协议的，渔船事故调查机关应当终止调解，并告知当事人可以向仲裁机构申请仲裁或向人民法院提起诉讼。

第二节　油污水排放的规定、设备、操作规程及渔船防污染文书

随着海上船舶数量的增加，从各种途径排入海洋的有害物质的数量与日俱增，造成海洋污染，使海洋环境遭受破坏，影响生态平衡，危及海洋渔业资源。所谓船舶防污染管理，是指严格控制和预防船舶的各种有害物质的排放和意外泄漏；防止船舶在正常营运和事故中给海洋造成污染。

中华人民共和国于 1983 年 7 月 1 日加入《73/78 防污公约》，即《MARPOL73/78》，成为该公约的缔约国。下面就船舶油污水排放的规定、设备、操作规程及渔船防污染文书作简单介绍。

一、船舶油污水排放的规定

1. 一般情况。

① 在批准的区域内。

② 在航行中，瞬时排放率不大于 30 L/n mile。

③ 污水的含油量不大于 15 ppm。

④ 船上油水分离设备、过滤系统和排油监控装置处于正常工作状态。

⑤ 在退潮时。

2. 150 总吨及以上油船和 400 总吨及以上的非油船机舱油污水的排放，除满足上述要求外，还应距最近陆地 12 n mile 以外。

3. 150 总吨及以上油船的压舱水、洗舱水的排放，除满足"1"项中之②、④外，还应满足：

① 距最近陆地 50 n mile 以外。

② 每压载航次排油总量，现有油船不得超过装油总量的 1/30 000。

4. 船舶进行油类作业，必须遵守下列规定。

① 作业前，必须检查管路、阀门、做好准备工作，堵好甲板排水孔，关好有关通海阀。

② 检查油类作业的有关设备，使其处于良好状态。

③ 对可能发生溢漏的地方，要设置集油容器。

④ 供油、受油双方商定的联系信号，以受方为主，双方均应切实执行。

⑤ 作业中，要有足够人员值班，当班人员要坚守岗位，严格执行操作规程，掌握作业进度，防止跑油、漏油。

⑥ 停止作业时，必须关好阀门。

⑦ 收解输油软管时，必须事先用盲板将软管封好，或采取其他有效措施，防止软管存油倒流入海。

⑧ 应将油类作业情况，准确地记入"油类记录簿"；国家不要求配备"油类记录簿"的船舶，应记入"轮机日志"或值班记录簿。

二、船舶防污染文书及防污染设备

1. 150 总吨及以上的油船和 400 总吨及以上的非油船，必须备有《海洋环境保护法》规定的船舶防污文书及渔港监督要求的其他文书。

2. 各类船舶要分别装设符合本条例要求的防污设备。

对 150 总吨及以上的油船和 400 总吨及以上的非油船，防止油污设备应符合下列要求：

① 机舱污水和压载水分别使用不同的管系。

② 设置污油储存舱。

③ 装设标准排放接头。

④ 装设油水分离设备或过滤系统。

⑤ 1 万总吨及以上的船舶，还应装设排油监控装置。

⑥ 船舶装设的其他防污设备，应符合国家船舶防污结构和设备规范的有关规定。

对不足 150 总吨的油船和不足 400 总吨的非油船应设有专用容器，以回收残油、废油应能将残油、废油排入港口接收设备。

三、油污水排放操作规程

1. 启动操作

① 征求驾驶台，是否可以排放污水，并记录排放开始时间、地点及污水存量。

② 检查各仪表、仪器是否完好。

③ 关闭油水分离器上的各个泄放阀。

④ 打开油水分离器上的放气考克，打开处理水排放阀，开启 15 ppm 监测装置。

⑤ 将泵吸入口管路上的三通阀切换到清水（或海水）管系上。

⑥ 接通电气控制箱电源，电源指示灯亮。

⑦ 将电气控制箱面板上的排油开关切换到"手动"位置，排油信号灯亮。此时排油电磁阀处于开启状态。

⑧ 在电气控制箱面板上按下泵启动钮，泵即开始运转，工作指示灯亮。此时，清水被泵入油水分离器内，将装置内的空气排出。

⑨ 当油水分离器上的放气考克出水时，表明装置内已灌满水，此时关闭放气考克。

⑩ 把泵吸入口管路上的三通阀切换到油污水管系上。泵停止吸清水，而开始改吸油污水舱中的污水。

⑪ 将电气控制箱面板上的排油开关切换到"自动"位置，排油信号灯熄灭，此时排油电磁阀处于关闭状态。

⑫ 调节排出管路上的压力调节阀，使压力保持在 0.05～0.1 MPa。

完成上述操作，油水分离器即可投入正常工作。

2. 油水分离器的运行管理

① 检查各仪表的读数是否正常。

② 泵出口压力不准超负荷，安全阀整定值 0.26 MPa，排出管压力值应在 0.05～0.1 MPa。当泵出口压力值超过规定值，应检查管路是否堵塞；否

则应清洗或更换分离器滤芯，清洗分离器。

③ 当环境温度较低时（寒冷季节），污油黏度较大，应该将控制箱上加热开关打到自动位置，设定加热温度（最高不超过 60 ℃）。

④ 经常开启排水管上取水考克，检查排水情况。取样时，开启取样考克，让其放气 1 min 左右，然后用取样瓶取样。取样瓶应该用碱液或肥皂水反复清洗干净，保证无油迹。

⑤ 经常检查各管系情况，不得有泄漏。

3. 监控

① 油水分离器投入正常运行时，应将油分浓度监测装置电源开关接通。

② 将监测装置取水样管路上的三通阀切换到分离装置处理水排放水管上，仪器即投入运行，自动进行连续检测和控制。

③ 当油水分离器停止工作后，将取样管路上的三通阀切换清水位置上冲洗几分钟，然后将阀关闭，切断监测装置电源。

4. 停机操作

① 当油污水处理完毕时，将泵吸入口管路上的三通阀切换到清水（或海水）管系上，连续运行 15 min，以冲洗分离装置。

② 将电气控制箱面板上的排油开关切换到"手动"位置，停止加热。

③ 冲洗完毕后，按下电气控制箱面板上泵的停止钮，泵即停止运转，工作指示灯熄灭。

④ 停止运行后通知驾驶台，并记录排放结束时间、地点及污水柜存量。

⑤ 若短期停用，需满水保养；若长期停用，需将油水分离器放空。

第三节　渔船轮机设备检验

为了便于进行具体的检验工作，主管机关制定了船舶检验技术规程，其中轮机设备检验的主要检验数据如下所述。

一、主要机械设备

① 柴油机气缸盖、气缸和活塞的冷却水腔水压试验，一般都为 0.7 MPa。

② 柴油机气缸安全阀校验开启压力为 1.4 倍最大燃烧压力。

③ 废气涡轮增压器的叶轮做动平衡试验并应符合下列规定：

a. 当 $n \leqslant 20\,000$ r/min 时，叶轮偏心距 $e > 0.002$ mm。

b. 当 $n > 20\,000$ r/min 时，叶轮偏心距 $e \leqslant 0.001$ mm。

④ 对涡轮增压器壳进行 $1.5\,p$（p 为工作压力，MPa；）但不少于 0.4 MPa 的水压试验，以检查有无裂纹。

⑤ 中冷器应进行 $1.25\,p$ 水压试验（p 为最大工作压力，MPa）。

⑥ 柴油机机座紧配螺栓应不少于总数的 15%，且不少于 4 只。垫片厚度应为 $10 \sim 75$ mm，钢质垫块厚度不大于 25 mm，铸铁垫块厚度不少于 25 mm。

⑦ 发电柴油机修理后的负荷试验应尽量达到标定值。如老旧船舶有困难时，可按船舶常用最大负荷但不低于标定值的 75% 进行负荷试验，试验时间不少于 2 h。

⑧ 经检修的锚机、舵机和起货设备，在效用试验前应进行不少于 30 min 的空运转试验。

⑨ 校验舵机液压系统上的溢流阀、安全阀，其开启压力应不大于 1.1 倍的最大工作压力。

⑩ 空气压缩机总排量对空气启动系统，应能从大气压力开始在 1 h 内充满所有主机启动用空气瓶。

⑪ 空气瓶及管系的密封性试验，从充气达到工作压力后起算 24 h 内压力降不大于工作压力的 4%，或浸入水中 3 min 无漏气即合格。

⑫ 空气瓶的安全阀应经校验，开户压力不超过 1.1 倍的工作压力，关闭压力一般不低于 85% 的工作压力。设置易熔塞的空气瓶，应结合内部检验检查易熔塞的技术状况是否正常。

⑬ 动力管系一般按 1.5 倍工作压力做液压试验。管壁表面温度超过 $60\,^\circ\!C$ 者，一般应包扎绝热材料或保护层。

二、电气设备

① 发电机或变换装置检修后，以在船舶各种使用工况中常用的最大负荷作为试验负荷，试验时间 $1 \sim 2$ h；发电机额定容量（如属可能）进行温升试验直至温升实际稳定为止，试验时间一般不少于 4 h，温升不应超过规范规定的温升限值。

② 发电机并联运行试验的负载，应在总标定功率的 20% 至机组并联运行常用的最大负荷内变化，应能稳定运行和负荷转移，

③ 发电机的自动开关，应校核下列保护装置（包括脱扣器动作）的可靠性：

a. 过载保护装置：过载 10％～50％，经少于 2 min 的延时开关应分断。建议可调定在发电机额定电流的 125％～135％，延时 15～30 s 自动开关分断，也可按原调定值进行复核。

b. 并联运行的发电机的逆功率（或逆电流）保护装置调定为：柴油发电机标定功率（电流）的 8％～15％；汽轮发电机标定功率（电流）的 2％～6％；交流发电机应延时 3～10 s 动作，直流发电机应瞬时或短暂延时（少于 1 s）动作，也可按原调定值复核。

c. 并联运行的发电机的欠电压保护，应当在电压降低至额定电压的 70％～35％时，自动开关自动分断。

④ 电动机检修后应在机械装置常用最大负荷下试验不少于 1 h，电动机应无敲击和过热及振动现象。

⑤ 绕组经过拆绕的电动机，相应进行平衡、超速、耐电压及温升试验；以机械装置常用最大负荷进行温升试验，试验时间不少于 2 h。

三、螺旋桨轴和艉轴

① 检查键与艉轴的键槽及桨毂键槽的装配情况，一般应不能插入 0.05 mm 塞尺，允许沿键槽周长的 20％局部插入。

② 检查轴套的磨损，轴套减薄不应超过原厚度的 50％，填料函处不应超过 60％，轴和轴套的圆度和圆柱度不应超过规定值。

③ 换新铜套应进行 0.15 MPa 的水压试验，5 min 内不得渗漏。

④ 检查艉轴承间隙，其安装及磨损极限不应超出规定值。轴承下部应无间隙，测量位置一般以距艉管端 100 mm 处为准。铁梨木轴承如因修理需要偏心镗孔时，铁梨木厚度应不小于按正中心镗孔厚度的 80％。

⑤ 检查艉轴油润滑轴承的轴封装置，装复后应进行油压试验，以检查密封性是否良好，试验压力为 1.5 倍的工作压力。如采用重力油柜润滑时，从泵至有回油时算起连续 3 min 内不应有任何泄漏。如属橡皮筒式端面密封，一般也不应漏油，但每分钟油滴不超过 3 滴时亦允许使用（试验时应间断正倒慢慢转车）。

第十七章　渔船安全操作及应急处理

第一节　渔船触损、碰撞后的应急安全措施

一、船舶触损（搁浅）的应急安全措施

所谓船舶触损（搁浅），指船舶进入浅水域航行时，船体底部落在水底的情况。当船体底部部分落在水底时，称为部分搁浅；当船体底部全部落在水底时，称为全部搁浅。

根据搁浅的程度，其对船舶及其相关设备可能造成的损坏包括：① 海水系统吸进泥沙或堵塞。② 船舶底部破损使相应舱室进水。③ 船体变形使运转设备的对中性改变。

因此，发生搁浅事故时，应采取相应的应急安全措施。

1. 应急措施

船舶发生搁浅或擦底时，轮机部应采取下列应急处理措施：

① 轮机长应迅速进入机舱，命令值班轮机员迅速进行相应的操作，使机舱的相应设备处于备车状态。

② 根据主机的负荷情况，适时地降低主机转速。及时与驾驶台联系，询问情况，以便及时采取相应的降速措施。

③ 使用机动操纵转速操纵主机。搁浅后，无论驾驶台采取冲滩还是退滩措施，机舱所给车速都应使用机动操纵转速或系泊试验转速，防止主机超负荷。

④ 换用高位海底阀门。搁浅时，值班轮机员应立即将低位海底阀门换为高位海底阀门，防止吸进泥沙，堵塞海水滤器。

2. 主机运转时的检查内容及处理措施

（1）推进装置及其附属系统

① 持续检查主海水系统的工作情况，如果发现海水压力较低，立即换用另一舷的高位海底阀，同时尽快清洗海水滤器，清除积存的泥沙，确保主

机及发电柴油机的正常运转。

② 连续检查滑油循环柜的液位，关注主机的滑油压力和主机滑油冷却器的滑油进出口温度。

③ 检查曲轴箱的温度。

④ 检查中间轴承和艉轴的温度。

⑤ 倾听齿轮箱（如果适用）的声音是否正常。

⑥ 检查舵机工作电流及转动声音是否正常。

（2）其他设备及系统

① 搁浅时，双层底舱柜可能变形破裂，要注意检查和测量各舱柜的液位变化，注意海面有无油花漂浮等，并做好机舱排水准备工作。

② 停止非必须运行的海水冷却系统的工作，避免由于船舶搁浅而吸入泥沙造成海水冷却系统堵塞。

3. 停止主机运转后的检查

搁浅可能引起船体变形，造成柴油机轴系中心线的弯曲，影响柴油机运转，所以船舶搁浅后必须检查轴系的情况。判断轴系状态可用下列方法。

（1）盘车检查　停车后为判断轴系是否正常，艉部搁浅时可用盘车机盘车检查，检查轴系运转是否受阻。

（2）柴油机曲轴臂距差的测量　搁浅后应尽快创造条件测量曲轴臂距差，通过曲轴臂距差来判断曲轴中心线的变化和船体的变形，决定脱浅后主机是否正常运行或减速运行。

（3）舵系的检查　搁浅时舵系有可能被擦伤或碰坏，因此搁浅后必须对舵系进行仔细检查：① 进行操舵试验，检查转舵是否受阻。② 检查舵机负荷是否增加，如电机电流和舵机油压是否正常。③ 检查转舵时间是否符号要求。④ 检查舵柱有无移位，转舵时舵柱是否振动。

二、船舶碰撞后的应急安全措施

由于某种原因，船舶与船舶、船舶与海上固定物或漂浮物之间发生受力接触，使船体破损而进水，引起船身倾斜，甚至沉船等后果。

根据船舶碰撞的程度，其对船体及其相关设备可能造成的损失包括：① 使船体破损而进水，引起船身倾斜，甚至沉船。② 如果碰撞发生在船体燃油舱部位，会造成燃油的泄漏，给海洋造成污染。③ 有时会伴有火情产生，危及船舶及人员生命的安全。

因此，当发生船舶碰撞事故时，应采取相应的应急安全措施。

1. 应急措施

① 轮机长迅速进入机舱。

② 如为航行状态，做好备车工作，使主机处于随时可操纵状态。

③ 如为锚泊状态，或加开一台发电机。

④ 按照船长命令操纵主机，做好轮机日志的记录。

2. 碰撞部位在机舱内的进一步安全措施

若碰撞发生在机舱内的部位，且有进水现象，则应按机舱进水应急操作程序处理。

（1）机舱进水时的应急排水措施

① 发现机舱进水，尽力保持船舶电站正常供电。

② 根据进水情况使用舱底水系统或应急排水系统。若机舱大量进水，应做好应急吸入阀及其海水泵系的应急操作。

③ 根据进水部位、进水速率判断排水措施的有效性，进一步采取相应措施。

（2）机舱进水时的应急堵漏措施

① 执行机舱进水时的应急堵漏措施，同时摸清破损部位、进水流量，拟定有效的堵漏措施。如是小破口漏水，可先打进适当的木栓或楔子，再用布或堵漏用的专用工具进行堵漏作业。如果碰撞造成大破口进水并有可能发生沉船危险，则必须向全船发生紧急警报，尤其是夜间必须采取一切措施通报就寝者。如果一个船舱漏水无法堵漏时，应采取与相邻舱室密封隔离措施。

② 风浪天应关好水密门窗及通风口。

③ 艉轴管及密封装置破损，应酌情关闭轴隧水密门。

④ 如海底阀及阀箱、出海阀或应急吸入阀等破损，则应关闭相应的阀，并选用有效的堵漏器材封堵。

3. 碰撞部位在机舱外的进一步安全措施

① 视情切断碰撞部位的油、水、电源，关闭有关油水柜的进出口阀，尽量减轻油水污染并为抢救工作创造一个安全的现场。

② 如有火情、进水现象，各职责人员应按应急部署表的规定迅速进入各自应变岗位。

③ 反复测量受损舱的液位高度变化情况。

④ 除轮机人员外，其余人员一律参加抢救工作。

第二节　恶劣海况时轮机部安全管理事项

一、风浪天航行

① 在安全范围内，主机转速应尽可能配合驾驶台的需求。

② 根据海上风浪、船体摇摆情况，以及主机飞车和负荷变化情况，适当降低主机负荷。

③ 不得远离操纵台，应注意主机转速变化，防止主机飞车，认真执行驾驶台的命令。

④ 做好行车、工具、备件和可移动物料、油桶等绑扎事宜，关闭机舱管辖范围内的门窗和通风道。

⑤ 尽量将分散在各燃油柜里的燃油驳到几个或少数燃油柜中，以减少自由液面，并保持左右舷存油平均，防止船体倾斜。

⑥ 燃油的日用油柜和沉淀柜要及时放水，并保持较高的油位和适当的油温。

⑦ 主机滑油循环油柜的油量应保持正常，不可过少，特别是船舶摇晃时出现低油位报警时，应及时补油。

⑧ 注意主、副机燃油系统的压力，酌情缩短清洗燃油滤器的时间，以免燃油滤器被堵而影响供油。

⑨ 机舱舱底水要及时处理。

⑩ 必要时增开一台发电机。

二、船舶在大风浪中锚泊时轮机部安全管理事项

① 按船舶航行要求保持有效的轮机值班。

② 影响备车和航行的各项维修检查工作必须立即完成，并使之保持良好的工作状态。

③ 仔细检查所有运转和备用的机器设备。

④ 按驾驶台命令使主、副机保持备用状态。

⑤ 采取措施，防止本船污染周围环境并遵守各项防污规则。

⑥ 所有应急设备、安全设备和消防系统均处于备用状态。

⑦ 注意做好大风浪中航行的各项准备工作。

三、防台风时轮机部安全管理事项

在台风季节，轮机部应在船长的指挥领导下，落实防台风具体措施。

① 尽早对防台风设备和器材进行一次全面的检查，使锚机，绞缆机，主、副机和舵机等设备处于良好的工作状态。

② 在台风季节，船上应备有比正常情况下多 5 天的备用燃油，并备足淡水。

③ 所有移动的工具、备件、物料、油桶等均应绑妥。

④ 各燃油柜里的燃油尽量驳到几个或少数燃油柜中，以减少自由液面，并注意左右舷平衡。

⑤ 关闭机舱管辖范围内的门窗和通风道等，保持水密。

⑥ 在海上作业中遇台风时，应在操纵台随时操纵主机，认真执行驾驶台的车钟命令。所有应急设备、安全设备和消防系统均处于备用状态。

⑦ 保持主、副机和舵机等设备正常运转，在安全范围内，主机转速应尽一切可能配合驾驶台的需求。

⑧ 检查驾驶台与机舱及首、尾通信联系设备，确保通信畅通。

⑨ 如船舶在港口停泊防台风时，应按照港口所在地政府对防台风的要求，做好船员撤离或保持 2/3 的船员留船值班工作。

四、在能见度不良时航行轮机部安全管理事项

① 轮机部加强值班，保持主、副机和舵机及空压机等设备处于正常的工作状态。

② 保证汽笛的工作空气正常使用。

③ 保持船内通信畅通。

④ 随时听从驾驶台的命令。

⑤ 必要时增开一台发电机。

第三节　全船失电时的应急措施

一、全船失电的主要原因

发电机跳闸造成全船失电的原因十分复杂，常见的原因有：

① 电站本身故障，如空气开关故障、变压器故障等。

② 大电流、超负荷，如大功率电气设备启动或电气短路。

③ 发电机及其原动机本身的故障。

④ 操作失误。

二、全船失电时的应急措施

1. 船舶在正常作业或航行中全船失电时的应急措施

① 立即通知驾驶台。

② 同时启动备用或应急发电机（如有），并以最时间恢复供电。

③ 恢复保证正常作业或航行必需的各主要设备供电。

④ 重新启动主机，恢复主机正常运转。

⑤ 在遇到特殊情况时，如船舶避碰急需用车，只要主机有可能短期运转，就应执行驾驶台的命令。

⑥ 待发电机恢复正常供电后，再启动各辅助设备，保持船舶正常作业或航行。

2. 船舶在狭水道或进出港航行中全船失电时的应急措施

① 立即通知驾驶台。

② 同时启动备用或应急发电机（如有），合上电闸并以最时间恢复供电。

③ 尽最大可能保证主机正常运转。

④ 在操纵台随时操纵主机，并随时与驾驶台取得联系。

⑤ 如情况紧急，船长必须用车，可按车令强制启动主机而不考虑主机后果。

三、防止船舶失电时的安全措施

① 做好配电板、控制箱等的维护保养工作。

② 做好各电机及其拖动设备的维护保养工作，及时修理与更换有关部件。

③ 做好发电机及原动机的维护保养工作。

④ 在狭水道或进出港航行中，增开一台发电机并联运行以保安全。同时尽量避免配电板操作，尽量避免同时使用几台大功率设备。

第四节　航行中舵机失灵时的应急措施

船舶在航行过程中，舵机无舵效或虽然有舵效但不能达到设计舵效要求时的舵机故障称为舵机失灵。

一、航行中舵机失灵的主要原因

航行中舵机失灵的主要原因包括船舶失电、舵机液压系统故障、舵机机械传动系统故障。

二、航行中舵机失灵时应采取的应急措施

1. 一般应急措施

① 航行中发现舵机失灵，驾驶台应先转换为辅助操舵系统，并通知船长和轮机长。

② 轮机长应迅速到舵机舱，立即启动辅助或应急操舵装置，并组织机舱人员进行相应的操作和抢修。

③ 船长到驾驶台，按舵机的损坏情况指挥船舶的应急操纵。

2. 当舵机因控制系统故障而失灵时应采取的应急措施

舵机的控制系统故障，指驾驶台不能有效地通过主、辅操舵装置操纵舵机的紧急状态，此时应采取如下应急措施：

① 在舵机的应急操纵过程中，值班轮机员不得远离操纵台，按车令操纵主机，执行船长和轮机长的命令。

② 船长应安排一名驾驶员和船员到舵机舱，负责接听驾驶台的舵令，配合轮机员操纵舵机。

③ 机舱人员应加强轮机值班，尽全力抢修驾驶室主、辅操舵装置，使其尽快恢复功能。

④ 求近驶向有能力修复主、辅操舵装置的有关港口进行修复。

第五节　弃船时的应急安全措施

当发生重大机损、海损事故，抢救失败，经确认不弃船就无法保证船上人命安全时，船长应果断下令弃船。当船长下达弃船命令后，除"途中固定值班人员"外，全体船员应立即穿着救生衣，按应变部署表的分工完成各自的弃船准备工作。

一、弃船时轮机部人员的职责

1. 轮机长职责

① 在机舱进行指挥、督促、指导和检查轮机部全体人员对应变部署表

各自职责的执行情况，对突发的事件给予指导和决定。

② 负责与船长保持联系，及时掌握船舶的具体情况，确保轮机人员安全撤离。

③ 负责携带轮机部的相关文件最后撤离机舱。

2. 轮机人员职责

① 停主机及相关辅助设备，同时切断电源。

② 关闭海底阀。

③ 关闭机舱水密门。

④ 关闭机舱各污油、污水柜进出口阀门及测量孔等。

二、弃船时轮机部人员的应急措施

① 轮机长应立即下机舱，现场督促、指导机舱人员的各项操作。

② 机舱固定值班人员在听到警报信号后，仍应坚守岗位按命令完成各项操作。

③ 各轮机人员按应变部署表的要求进行弃船的各项操作。

④ 如果接到两次完车信号或船长利用其他方法的通知后，应立刻告诉轮机部全部人员撤离机舱，并待全部人员离开机舱后，轮机长才能携带轮机日志等相关重要文件，最后撤离机舱并立即登艇（筏）。

第六节　轮机部安全操作注意事项

一、上高作业安全注意事项

① 按规定离基准面 2 m 以上为高空作业。上高作业用具如系索、脚手架、坐板、保险带、移动式扶梯等，在使用前必须严格检查，确认良好。

② 上高作业人员应穿好防滑软底鞋、系好保险带并系挂在固定地方。

③ 上高作业时，上高作业所有的工具和物件应放在工具袋或桶内，或用软细绳索缚住，以防落下伤人或摔坏物件。其他人员应尽量避免在其下方停留作业。

④ 上高作业易发生坠落或重物落下砸人等伤亡事故。在强风或风浪较大时，除非特殊需要，禁止上高作业。

二、吊运作业安全注意事项

① 严禁超负荷使用起吊设备。在吊运鱼贷或物件前，应认真检查起吊

设备，尤其是吊索、吊钩等的完好性，确认牢固可靠，方可吊运。

②起吊时，应先用低速将吊索绷紧，然后摇晃绳索并注意观察，确认牢固、均衡且起吊物松动后，再慢慢起吊。如发现起吊吃力，应立即停止，进行检查或采取其他相应措施，防止超负荷。

③在吊运中，禁止任何人在其下方通过；也不得在起吊部件下方进行作业；如确实需要，应采取各种有效的防范措施。

④严禁用起重设备运送人员。

三、检修作业安全注意事项

①检修主机时，必须在主机操纵处悬挂"禁止动车"的警告牌；检修中如需转车，应特别注意检查各有关部位是否有人作业或影响转车的物品和构件。一切警告牌均由检修负责人挂、卸，其他任何人不得乱动。

②检修副机和各种辅助机械及其附属设备时，应在各相应的操纵处或电源控制箱悬挂"禁止使用"或"禁止合闸"的警告牌。

③检修发电机或电动机时，应在配电板或分电箱的相应部位悬挂"禁止合闸"的警告牌。如有可能还应取出控制箱内的保险丝。

④检修管路及阀门时，应事先按需要将有关阀门置于正确状态，并在这些阀门处悬挂"禁动"的警告牌，必要时用铁丝将阀扎住。

⑤检修空气瓶、压力柜及有压力的管路时，应先泄放压力，禁止在有压力时作业。

⑥拆装带热部件时，要穿好长袖长裤并戴帽及手套。

⑦拆装冷冻液管时，一般要先抽空。拆装时必须戴手套、防护镜。

⑧柴油机在运转中如发现喷油器故障需立即更换，应先停车，打开示功阀，泄放气缸内压力，禁止在运转中或气缸内尚有残存压力时拆卸喷油器。

⑨检修电路或电气设备时，严禁带电作业；确需带电作业时，必须使用绝缘良好的工具，禁止单人作业；看守人员应密切注意工作人员的操作情况，随时准备切断电源等安全措施。

⑩一切电气设备，除主管人员和电机员外，任何人不得自行拆修。禁止使用超过额定电流的保险丝。

四、压力容器使用安全注意事项

①氧气、乙炔和氟利昂钢瓶是高压容器，而乙炔是易燃易爆的危险性

气体，故在装卸或搬运时不准抛扔，避免碰撞。取下钢瓶钢帽时不准敲击。

② 在使用压力钢瓶时，应按规定放置使用。钢瓶应存放在阴凉处，禁止曝晒或靠近热源，并用卡箍或绳子紧固。

③ 钢瓶内气体绝不能全部用光，剩余压力应保持不小于 100 kPa。用完后的空瓶应做好明显标记。

④ 钢瓶在开阀前仔细检查，特别要注意阀门是否反螺牙，开阀时缓慢开大。

⑤ 钢瓶如因严寒结冻，不得用明火烘烤，但可用热水适当加温。一般瓶体温度不得超过 40 ℃。

⑥ 当发现下列情况时，应立即停止使用：

a. 容器超温、超压、过冷、严重泄漏，经处理无效时。

b. 主要受压元件发生裂缝、变形、泄漏，危及安全时。

c. 安全阀失效、接管端断裂，难以保证安全时。

d. 发生火灾、爆炸或相邻管道发生事故危及容器安全时，应迅速搬移他处。

五、渔船机舱消防安全注意事项

1. 渔船常发生的火灾爆炸事故

(1) 机械设备管理操作不当引起的火灾爆炸事故

① 柴油机曲轴箱爆炸。

② 空压机曲轴箱爆炸。

③ 燃油管破裂、油柜冒油使燃油喷到柴油机排气管上引起火灾。

④ 柴油机增压器维修操作不当之后引起火灾。

(2) 电气设备管理操作不当引起的火灾爆炸事故

① 导线超负荷或老化引起的火灾。

② 绝缘不良引起的火灾。

③ 电气设备故障，因电流的热作用而产生火花。

(3) 对易燃物质管理不严引起的火灾

① 地板上、舱底、机器周围漏油过多。

② 浸过油的破布、棉纱、木屑等因空气不流通而导致温度过高引起火灾。

(4) 明火及明火作业引起的火灾

① 吸烟、火柴、打火机。

② 焊接。

③ 厨房炉灶。

(5) 油舱柜的爆炸与火灾

① 透气管处遇明火引起火灾与爆炸。

② 油舱柜清洗产生静电引起火灾与爆炸。

③ 油舱柜附近有明火和明火作业引起爆炸。

2. 船员日常防火防爆守则

① 吸烟时，烟头必须熄灭后投入烟缸，不能乱丢或向舷处乱扔，也不准扔在垃圾箱内。禁止在机舱、物料间、储藏室内吸烟。加装燃油时，禁止在甲板上吸烟。

② 规定必须集中保管的易燃易爆物品不准私自存放，禁止任意烧纸或燃放烟花爆竹，严禁玩弄救生信号弹。

③ 离开房间时，应随手关闭电灯和电扇。风雨或风浪天气时，应将舷窗关闭严密。航行中不得锁门睡觉。

④ 禁止私自使用移动式明火电炉。使用电炉、电烙铁等电热器具或工具时必须有人看管，离开时必须拔掉插头或切断电源。

⑤ 不准擅自接拆电气线路或拉线装灯（插座）；不准用纸或布遮盖电灯；不准在电热器具上烘烤衣服、鞋袜等。

⑥ 废弃的棉沙、破布应在指定的金属容器内，不得乱丢乱放。油污潮湿的棉、毛织品应及时处理，不能堆放在闷热的地方，以防自燃。

⑦ 进行明火作业前，经船长同意后须查清周围及上下邻近舱室有无易燃物，特别要查明焊接处是否通向油舱或冷藏舱内泡沫。当气焊作业时，要严防"回火"，避免事故，并须派人备妥消防器材且在旁边监护。

⑧ 严格遵守与防火防爆有关操作规程和有关规定。当发现任何不安全因素时，每个船员均有责任及时报告船上领导。对于违章行为，人人有责及时制止。

3. 防火防爆的预防措施

① 定期检验机械的安全设备。如空压机、柴油机气缸盖上的安全阀，由船检定期检验铅封。

② 保持电路绝缘良好。

③ 对油舱柜加强管理：

a. 空油柜经过清洗、除气、测爆合格后，才准予明火作业。

b. 清洗空油柜时，严禁污水再循环。

c. 空油柜附近，严禁拖动电焊用的电缆。

d. 空油柜中应充满惰性气体，以防雷击。

④ 机舱保持清洁，严禁吸烟。

⑤ 自动探火及报警系统应保持正常工作。

⑥ 加强船员防火防爆的安全教育和消防训练，做好应急部署。

4. 机舱火灾应急操作规程

① 发现机舱火情，当值人员应迅速发出火警并及时灭火，控制火势蔓延。

② 轮机部全体人员立即进入应急部署岗位，服从统一指挥。

③ 轮机长迅速进入机舱，作出正确判断，进行现场指挥灭火。

④ 必要时：

a. 切断火场电源或停止发电机运转，启动应急消防泵灭火。

b. 通知船长减速、改变航向或主机停车。

c. 停止机舱通风机、燃油泵，关闭油柜速闭阀、机舱天舱和风道挡板。

⑤ 抢救人员三人一组，穿好消防衣，戴好呼吸器，做好支援通信联络工作。

⑥ 如果机舱必须施放二氧化碳灭火，应按有关规定与船长商定后执行。在机舱施放二氧化碳灭火前必须封闭机舱，按响警报通知人员撤离现场，确认无人后才能施放。

⑦ 火灾扑灭后，要查找隐火，严防死灰复燃；救护伤员，机舱通风，清理现场，检查机电设备状况，排除舱底水。

⑧ 查明火灾成因、起火、灭火准确时间，灭火过程，善后处理，火灾损失情况，需要修理项目，并记入轮机日志。将有关情况电告公司，为海损处理做好必要的准备。

六、船上封闭场所作业安全注意事项

任何封闭场所内的气体都有可能缺氧（或含有易燃、有毒气体或氟利昂气体）。所以在进入船上封闭场所时，应按步骤严格遵守以下安全技术要求。

1. 危险评估

首先对将要进入的封闭场所的潜在危险作出评估，利用测氧、测爆等仪器（如有）进行检测，确定存在缺氧、易燃、有毒气体、氟利昂气体的可能性。

2. 通风换气

渔船上一般没有配备专门的机械通风设备，可以采取自然通风的形式（如舱内油漆作业时，必须采取机械通风）。人员进入前，应尽可能长时间开启门（窗），确认无空气危险时方可进入。

3. 进入封闭处所期间的安全防护及应急措施

① 进入封闭处所作业时，必须安排照应人员。作业人员与照应人员应事先明确联络信号，照应人员始终不得离开工作点。

② 作业人员应系配救助安全绳（带）。

③ 作业人员当发现舱内有异常情况或危险可能性（如头晕、窒息）时，必须立即停止作业，迅速撤离现场，在安全处清点人数。

④ 万一出现紧急情况，在救助人员未到达或尚未明确情况之前，照应人员无论如何都不得进入处所内。应积极采取有效措施营救遇险人员，对已患缺氧症的作业人员，应立即将其移至空气新鲜处进行现场抢救（人工心肺复苏）。

七、燃油加装作业安全注意事项

1. 加油申请

船长会同轮机长根据航次任务，计算本航次燃油消耗量，备用油量，油舱、油柜内的存油量，按规定的燃油规格，拟定加油计划。

2. 加油准备工作及加油过程中的注意事项

① 轮机长根据加油计划，通知船副加油的油舱及各油舱的加油量，以保证船舶的平衡。

② 准备好加油中的使用工具、警告牌、清洁油污材料（木屑、棉纱）、试水膏及其他用品。

③ 根据加油计划进行必要的并舱（如需要），以避免加油时造成混油。于油气扩散到的区域悬挂"禁止吸烟"的警告牌并备妥消防器材，严禁明火作业。

④ 加油前堵塞甲板疏水孔，防止溢油、跑油。

⑤ 加油开始前，应提请供油方提供油品质量报告。

⑥ 检查本船各有关阀门开关是否正确，各项工作准备妥善后，即可通

知供油方开始供油。

⑦ 在加油过程中，要注意加油速度不要太快，防止溢油、跑油；当受油舱的油达到本舱容量的 70% 左右时，应打开下一个受油舱的加油阀，换装油舱。

⑧ 在整个加油过程中，要由专人照看，不得离人。

第七节　应急设备的使用和管理

一、应急消防设备

1. 应急消防泵

（1）应急消防泵的要求

① 渔船应按渔业主管机关的要求配备应急消防泵（可携式、固定式），固定式应急消防泵应设置在机舱以外，其原动机为柴油机或电动机。电动机应急消防泵须由主配电板和应急配电板供电。

② 应急消防泵的排量应不小于所要求的消防泵总排量的 40%，且任何情况下不得小于 25 m^3/h。

③ 作为驱动应急消防泵的柴油机，在温度降至 0 ℃时的冷态下，应能用人工手摇随时启动。

（2）应急舱底水吸口和吸水阀的要求　机舱应设一个应急舱底水吸口。应急吸口应与排量最大的 1 台海水泵连接，如主海水泵、压载泵、通用泵等。应急吸口与排泵的连接管路上装设截止止回阀。

2. 应急消防泵的使用管理

① 应急消防泵应进行启动和泵水试验，检查排水压力，试车后关闭海底阀和进口阀，放空消防管中残水。

② 应定期清洁机舱应急舱底水吸口，防止污物堵塞；截止止回阀应定期加油活络，防止锈死。

③ 燃油速闭阀、通风管防火板应定期保养和检验，并进行就地操作试验。

二、其他应急设备

1. 应急动力设备

应急电源、应急空气压缩机和应急操舵装置等。

2. 应急救生设备

救生艇发动机和脱险通道（逃生孔）等。

3. 应急舱底水吸口及吸水阀、水密门等

第八节　应急部署的种类及演习的组织

一、船舶应急部署表的有关内容

每艘渔业船舶都应按主管机关规定，根据本船设备和人员情况，编制应急部署表与应变须知。

1. 应急部署的种类

船舶应急又称船舶应变，是指船舶发生意外事故和紧急情况时的紧急处置方法和措施。船舶应急分为：消防、救生（包括弃船求生和人落水救助）、堵漏和综合应变四种。

2. 应急部署表的主要内容

① 船舶及船公司名称、船长署名及公布日期。

② 紧急报警信号的应变种类及信号特征、信号发送方式和持续时间。

③ 职务与编号、姓名、艇号、筏号的对照一览表。

④ 航行、作业中驾驶台、机舱人员及其任务。

⑤ 消防应变、弃船求生、放救生艇筏的详细分工内容和执行人编号。

⑥ 每项应变具体指挥人员的接替人。

⑦ 有关救生、消防设备的位置。

3. 应变信号

各类应变的报警信号为：

（1）消防　警铃和气笛短声，连放 1 min。

（2）堵漏　警铃和气笛 2 长 1 短声，连放 1 min。

（3）人落水　警铃和气笛 3 长声，连放 1 min。

（4）弃船　警铃和气笛 7 短 1 长声，连放 1 min。

（5）综合应变　警铃和气笛 1 长声，持续 30 s。

（6）解除警报　警铃和气笛 1 长声，持续 6 s 或口头宣布。

4. 应变部署职责

（1）人员职责

① 船长是应变总指挥，有权采取一切措施进行抢险处置，并可请求有

关方面给予援助。

② 船副是应变现场指挥（除机舱抢险外），是总指挥的接替人，并负责救生、消防、堵漏等单项应变的组织部署。

③ 轮机长是机舱现场指挥，并负责保障船舶动力。

④ 驾驶员任各救生艇（筏）长。

⑤ 轮机员任机动艇（筏）操纵员。

⑥ 放艇（筏）时，先进入艇（筏）内的两人应是技术熟练的捕捞员。

（2）消防应变部署　分消防、隔离和救护三队：① 消防队由船长指定人员任队长，直接担任现场灭火。② 隔离队由船长指定人员任队长，任务是根据火情关闭门窗、舱口、孔道，截断局部电源，搬开近火易燃物品，阻止火势蔓延。③ 救护队由船长指定人员任队长，任务是维持现场秩序，传令通信和救护伤员。

（3）堵漏应变部署　分堵漏、排水、隔离和救护四队：① 堵漏队担任堵漏和抢修任务。② 排水队由轮机长领导机舱值班人员进行。③ 隔离队负责关闭水密门、隔舱阀和测量水位等。④ 救护队由船上医生（如有）或船长指定人员任队长。

5. 应变部署表编制要求

① 应变部署表应写明通用报警信号，并应规定发出警报时船员必须采取的行动。应变部署表应写明弃船命令将如何发出。

② 应变部署表应写明分派给各种船员的任务。

③ 应变部署表应指明各高级船员负责保证维护救生设备和消防设备，使其处于完好和立即可用状态。

④ 应变部署表应指明关键人员受伤后的替换者，要考虑到不同应变情况要求不同行动。

⑤ 应变部署表应在出航前制订。

6. 应变部署表的编制原则

① 符合本船的船舶条件、船员条件及航区自然条件。

② 关键部位、关键动作选派得力船员。

③ 根据本船情况，可以一职多人或一人多职。

④ 人员的编排应最有利于应变任务的完成。

7. 应变部署表的编制职责与公布要求

应变部署表由船副具体负责。助理船副根据船副的部署意图，于船舶出航前编排应变部署表，给船副审核、船长批准签署后公布实施。应变部署表应张贴或用镜框配挂在驾驶台、机舱、餐厅和生活区走廊的主要部位；在其附近，应有本船消防器材示意图。为使应变中各级负责人熟悉所领导的人员及其分工，应将部署表中各编队（组）分别抄录发给各编队（组）长。

二、船舶应变须知和操作须知的有关内容

1. 应变须知

每位船员应有一份应变时的须知。在床头及救生衣上都有一张应变任务卡。应变任务卡有本人在船员序列中的编号、救生艇（筏）号，各种应变信号及本人在各种应变部署中的任务。

2. 操作须知

在救生艇（筏）及其操纵器的上面或附近，应设置明显的告示或标志，说明其用途和操作程序。

3. 演习

① 每位船员每月应至少参加一次弃船演习和消防演习。

② 堵漏（抗沉）演习每 3 个月举行一次。

三、渔船消防演习与应急反应的有关规定

1. 消防演习规定

① 演习应尽可能按实际应变情况进行。

② 每位船员每月应至少参加一次弃船演习和消防演习。

③ 每次消防演习计划应根据船舶类型及实际可能发生的各种应急情况制订。

④ 每次消防演习应包括：

a. 向集合地点报到，并准备执行应变部署表规定的任务。

b. 启动消防泵，要求至少 2 支所要求的水枪，以显示该系统处于正常工作状态。

c. 检查消防员装备及其他个人救助设备。

d. 检查有关通信设备。

e. 检查演习区域的水密门、防火门和通风系统的主要进口和出口的操作。

f. 演习中使用过的设备应立即放回，保持其完整的操作状态。

2. 消防演习的组织

（1）消防演习　应按应变部署表中的消防部署进行。船副任消防演习的现场指挥，负责指挥消防、隔离和救护队。

（2）演习要求　消防演习时，应假想船上某处发生火警，组织船员扑救。全体船员必须严肃对待演习，听到警报后，应按应变部署表中的规定，在 2 min 内携带指定器具到达指定地点，听从指挥，认真操演。机舱应在 5 min 内开泵供水。

（3）演习评估　消防演习后，由现场指挥进行讲评，并检查和处理现场，还要对器材进行检查和清理，使其恢复至完整可用的状态。

（4）演习记录　演习结束后，应将每次演习的起止时间、地点、演习内容和情况，如实记入航海日志。

3. 火灾应急反应及人员安全

① 船员发现火灾应立即发出消防警报，就近使用灭火器材进行灭火。

② 全体船员听到警报后，应立即就位并按应变部署表的分工进行灭火。

③ 灭火人员应在船副（机舱为轮机长）指挥下，迅速查明火源、特征、火烧面积、火势蔓延方向等，并报告船长。

④ 如有人在火场受威胁，应立即采取抢救措施；如确定火场无人，应立即关闭通风口和其他开口，切断电源，然后控制火势。

⑤ 在航行或捕捞作业时，应注意操纵船舶使火区处于下风方向，并按规定显示号灯、号型。

⑥ 船长应根据具体情况决定灭火方案，并对是否可能引起爆炸作出判断；消防人员应根据"应变部署表"的分工和船长的指示全力扑救。

⑦ 如采用封闭窒息方法灭火，必须经过相当长的时间，并组织足够的消防力量做好扑灭复燃的准备，才能逐步打开封闭设施，再视情况缓慢予以通风。

⑧ 如火灾引起爆炸，经抢救确实无效时，船长应宣布弃船。

四、渔船救生与应急反应的有关规定

1. 渔船救生包括弃船求生和人落水救助两种应变

① 每次弃船救生演习应包括：

a. 利用通信工具通知弃船演习，将船员召集到集合地点，并确保他们了解弃船命令。

b. 船员向集合地点报到，并准备执行应变部署表规定的任务。

c. 查看船员穿着是否合适，救生衣穿着是否正确。

d. 完成救生筏任何必要的降落准备工作。船员应按"应变任务卡"上的筏号做好登筏准备。

e. 船上如配备救生艇的渔船，应降下一艘救生艇，并启动救生艇发动机。

f. 介绍无线电救生设备的使用。

② 每艘救生艇一般应每 3 个月在弃船演习时乘载被指派的操作船员降落水一次，并在海上进行操纵。

③ 每次弃船演习时，应试验供集合和弃船所用的应急照明系统。

2. 弃船求生演习的组织

(1) 集合地点　弃船求生或其演习的集合地点应紧靠登乘地点。

(2) 演习组织

① 听到弃船警报信号后，全体船员在 2 min 内穿好救生衣并到达集合地点。

② 艇（筏）长检查人数，检查各船员是否携带规定的物品，检查每位船员穿着和救生衣是否合适，并加以督促、指挥，然后向船长汇报。

③ 船长宣布演习及操练内容。

④ 由 2 名船员在 2 min 内完成救生筏降落的准备工作，操作降落救生筏所用的吊筏架。

⑤ 试验供集合和弃船所用的应急照明系统。

⑥ 演习结束，船长发出解除警报信号，收回救生艇（筏），清理好索具，进行讲评后解散。

(3) 演习记录　将弃船求生演习的起止时间、演习操练的细节分别记录于航海日志和轮机日志。

3. 弃船求生应急反应及人员安全

① 当确认不弃船就无法保证船上人命安全时，船长应果断下令弃船，并按规定发出船舶遇难求救信号。

② 船长下达弃船命令后，除"途中固定值班人员"外，全体船员应立即穿好救生衣，按应变部署表的分工完成各自的弃船准备工作。

③ 机舱固定值班人员在听到弃船警报信号后，应仍坚守岗位按令操作；在得到完车通知后，在轮机长的领导下，抓紧做好关机、停电等弃船安全防

护工作；立即携带规定物品撤离机舱登艇（筏）。

④ 船长应督促检查下列工作（国旗和航海日志应亲自携带）：a. 降下国旗并携旗下艇。b. 关停发电机和机舱内正在运转中的其他一切设备。c. 关闭海底阀及各储油舱（柜）阀门。d. 是否已发出遇险求救信号并已投放（卫星）应急无线电示位标。e. 检查艇（筏）长的放艇（筏）工作。

⑤ 船长检查按应急计划规定须携带的物品，如国旗、航海日志、雷达应答器，以及足够的食品、淡水、毛毯等物品。

⑥ 在登艇（筏）前，船长应布置如下事项：本船遇难地点；发出遇难求救信号是否回答；可能遇救的地点和时间；驶往最近陆地或交通线的方向、距离；各艇（筏）间的通信约定及其他有关指示。

⑦ 按船长命令放下救生艇（筏），有序地登艇（筏）。

⑧ 最后，船长在确信全船无任何人员后方可离船登艇（筏）。

第九节　船内通信系统

为了保证船舶安全营运，及时了解和掌握船舶机电设备的工作情况，以及进行日常工作和生活的事务联系，船舶必须配备工作可靠、简单有效的船内通信系统。

一、船上使用的船内主要通信工具和信号装置

1. 各种不同方式和用途的电话通信设备

例如：声力电话、共电式指挥电话系统。

2. 船舶操纵用电气传令钟和各种指示仪表

例如：机舱传令钟、舵角指示器和电动转速表等。

3. 各种应急状态时用的报警信号装置

例如：紧急动员警钟，测烟、测温式火警报警装置。

4. 船舶航行时的各种信号装置

例如：航行灯、信号灯、自动雾笛。

5. 船用广播音响设备

例如：船用指挥扩音机。

目前，渔船上使用的电话通信设备，大体上可分为声力电话、船用指挥电话。

声力电话和指挥电话设备主要用于航行驾驶和操纵各工作部位之间的指挥和联络通信。

电气传令钟又称电车钟或机舱传令钟，是用在驾驶室、机舱集中控制室和机旁操作部位之间传送主机运转情况的命令和回令的装置。

二、船舶主要报警信号装置

（1）紧急动员警钟和应急状态下的各种铃组系统

（2）火警探测和报警装置

（3）主、辅机工况的自动监视报警系统

（4）对报警信号装置的一般要求

① 必须保证其电源畅通，在应急状态下应有应急电源供电。

② 各种不同用途的声响信号应有不同的音色，以利于辨别。

③ 在机舱或其他噪声大的舱室，音响信号应有足够响度并同时附有灯光信号。

④ 各种自动声光报警器，应有能切断声响信号（消音开关）而不切断发光信号的装置。

⑤ 各自动报警系统或装置应设有检查其功能是否正常的试验装置。

紧急动员警钟系统，用于船舶发生火灾或重大海损事故等紧急情况下，对全体船员发布紧急动员信号。系统由关闭器、警钟、警灯及接线盒等组成。关闭器是系统的控制器，装在驾驶室内，并有指示系统电路工作的指示灯。警钟安装在全船有人到达而又能听清音响信号的地点。警灯安装在无线电室等需要免除声音干扰的地方，机舱和舵机间等噪声大的舱室应同时安装警钟和警灯。

三、铃组系统

铃组系统是船上有关部位之间专用的通信联络信号。铃组系统的发讯器为按钮或关闭器，信号器为电铃或带信号灯的电铃。应急情况下使用的铃组主要有：

1. 机舱铃组

机舱铃组用于驾驶室和机舱的双向联络，作为传令钟故障时应急车令和回令信号。

2. 冷藏库报警铃组

冷藏库报警铃组用于各冷藏库对厨房之间的单向联络，作为被误锁在冷库里的人对外呼救的信号装置。若冷库的门能从内部开启，此装置可免于设置。

3. 二氧化碳灭火装置的施放预告铃组

二氧化碳灭火装置的施放预告铃组用于施放控制部位与失火部位的单向联络，以通知该部位的一切人员迅速撤离。它一般与施放电磁阀连锁，以保证在发送前和施放中都能自动发出警报。在许多新船中，这一铃组已采用电笛和转灯。

4. 水密门关闭和开启指示灯装置及预告水密门关闭的声响铃组

前者是光报警让人们有所准备；后者是声报警，要求人们迅速撤离，亦属单向联络。

第十八章 轮机人员职责和
有关制度

第一节 轮机人员的职责

我国渔船轮机部船员规则在各公司虽不尽相同，但基本上可分为远洋和外海两类，其区别仅在于某些机、电设备的配置和主管检修分工有所不同。

一、轮机部人员的共同职责

① 渔船是个整体，保证船舶安全航行和作业是全体轮机人员的共同职责。

② 轮机人员应有严格的组织性、纪律性、整体观念和全局观，树立"安全第一"的思想，贯彻"预防为主"的方针。

③ 每个轮机人员都必须对自己的工作岗位负责，在船长的领导下努力完成各自的任务。

④ 努力学习专业技术，不断提高技术水平和各种应急处置能力；掌握消防、求生、急救、救生艇（筏）操纵技术。

⑤ 在航行或捕捞作业值班中，必须集中精力，坚守自己的工作岗位，严格遵守操作规程，服从指挥，确保安全。

⑥ 每个轮机人员都必须熟悉和掌握自己所管的仪器、设备、设施，做好日常维护保养工作，确保处于良好工作状态。

⑦ 本船遇险时，必须及时组织抢救。在船长的统一指挥下，同心协力，全力以赴，为排除险情而做出努力。

二、轮机长职责

① 轮机长是全船机、电设备（不包括通信、导航设备）的技术总负责人。负责全船机械、电气设备的管理、维修和保养工作。应做到勤检查、勤

保养、勤维修，负责处理机器的故障，保持各设备处于良好工作状态，并加强轮机与驾驶的联系与协作。

② 制订本船各项机、电设备的操作规程、保养检修计划、值班制度，贯彻执行各项规章制度，确保安全生产。

③ 负责组织轮机员（包括电机员）制订修船计划、编制修理单，组织领导修船，进行修船工作验收。

④ 负责燃润料、物件、备件的申领，造册保管和合理使用，节约能源，降低成本。

⑤ 负责保管轮机设备的证书、图纸资料、技术文件，及时报告船长申请检验。

⑥ 经常亲自检查机电设备的运行情况，调整不正常的运行参数，检查和签署轮机日志等。

⑦ 培训和考核轮机人员；检查并教育轮机部人员熟练掌握机舱应急消防设备的使用方法。

⑧ 进出港或复杂水道航行时，应亲自下机舱操作、指挥。

⑨ 在发生紧急或海损事故时，应亲临机舱指挥，按照船长命令组织抢救工作。当接到船长异船命令时要做好善后工作，携带轮机日志及其重要物品，最后离开机舱。

三、管轮职责

① 管轮是轮机长的主要助手，在轮机长的领导下进行工作，轮机长不在时代理轮机长的职责。管轮负责轮机部人员进行机电设备的管理、操作、维修和保养工作。参加机舱值班，并督促轮机部人员严格遵守工作制度、操作规程和劳动纪律，保证轮机部的各项规章制度得以正确执行，确保安全生产。

② 负责加油和机舱配件、物品的申领、验收和保管工作；维持机舱秩序，对机舱、工作间、材料间、备件工具及机电设备的整洁进行监督和检查。

③ 负责保持轮机部有关安全的设备，如应急舱底阀、机舱水密门、安全阀、机舱消防设备、船上起重设备、警告牌、重要的防护装置处于使用可靠状态，定期进行必要的检查试验，并负责指导有关人员熟悉正确的管理和使用方法。

在船舶发生紧急或海损事故时，按照"应急部署表"规定的职务，协助轮机长指挥轮机部人员做好应急抢救工作。

④ 负责管理副机及舵机、制冷装置、海水淡化器、空压机、分油机等部分船舶辅助机械设备；负责编制本人主管的机械设备的修理单，提交轮机长审核；审核其他轮机人员修理单。

⑤ 负责管理电气系统的正常工作（包括甲板照明），负责充电和维护蓄电池的正常工作。

⑥ 负责保管本人使用的技术文件、仪器、工具等。

⑦ 渔捞作业时，协助甲板人员进行起放网及处理鱼货工作。

四、助理管轮职责

① 在轮机长和管轮的领导下进行工作，负责管理甲板机械及泵浦（站）、救生艇发动机、应急消防泵等部分辅机，以及轮机长指定的其他辅机和设备。贯彻执行操作规程和各项规章制度。

② 负责编制本人主管的机械设备的修理单，提交管轮审核。

③ 负责加装燃油（驳油），进行燃油的测量、统计和记录工作。

④ 负责保管本人使用的技术文件、仪器、工具等。

⑤ 参加机舱轮流值班。

⑥ 渔捞作业时，协助甲板人员进行起放网及处理鱼货工作。

五、电机员职责

① 在轮机长直接领导下进行工作，负责船舶电气设备的管理、保养和检修工作。保持电气设备处于良好工作状态。贯彻各项工作制度和安全规则，节约材料、物料。

② 负责保管、保养发机、电动机、应急安全设备线路、避雷装置、电操舵装置、照明设备、电气仪表、电导航及其他电气设备。定期测量绝缘电阻，保证电气设备及线路处于良好工作状态。

③ 制订电气设备的检修计划，提交轮机长批准后执行。记载并保管电气测量、修理记录簿。

④ 出航前，做好出航准备工作，特别注意舵机、航行灯和航行有关的电气设备的可靠性。

⑤ 负责电气备件、材料、物料及专用工具的申领、验收、统计和保管

工作。

⑥ 保管电气设备的技术文件、图纸、测量仪器和工具。

第二节　渔船轮机值班制度

我国渔船轮机值班制度因船舶吨位大小和渔捞作业方式不同而有所差异，但其原则和传统规定却是一致的。

一、航行值班

1. 轮机人员航行值班职责

① 值班轮机人员应严格遵守各项安全操作规章，保证机电设备正常运转，完成机舱内的各项工作。

② 根据驾驶台命令迅速准确地操纵主机，认真填写轮机日志，不得任意涂改。

③ 按照制造厂说明书的规定和要求，使机电设备保持在标定的工作参数范围内；保持各种滤器处于良好的使用状态。

④ 维持各机电设备的清洁，按时巡回检查，察看机电设备的运转情况。如发现不正常现象，应立即设法排除；如不能解决，应立即报告轮机长。

⑤ 如主机故障，必须立即停车检修，应先征得驾驶台同意并迅速报告轮机长，如情况危急，将造成严重机损或人身伤亡时，可立即停车，同时报告驾驶台和轮机长。

⑥ 在恶劣天气中航行，为防止主机飞车和超负荷而需要降低主机转速时应通知驾驶台。

⑦ 根据设备运转需要，随时进行驳油、净油、造水、充气等工作，保持日用油柜、水柜有足够数量的储备。

⑧ 注意做好防火检查，随时清除油污，正确处理油污破布、棉纱头等易燃物。

⑨ 船舶发生紧急事故时，按应变部署表分工积极参加抢险工作。

⑩ 认真执行船长和轮机长指派的其他工作。

2. 交接班制度

① 交班人员于交班前半小时叫班，并做好交班准备。

② 接班人员提前 15 min 进入机舱巡回检查，按交接内容认真检查，如发现问题汇总向交班轮机员提出，双方如有争议向轮机长报告。

③ 交班人员应向接班人员分别介绍：

a. 运转中的机电设备的工作情况。

b. 曾经发生的问题处理结果。

c. 需要继续完成的工作。

d. 驾驶台和轮机长的通知。

e. 提醒下一班注意的事项。

④ 交接班必须在现场进行，交班人员必须得到接班人员同意后才能下班。做到交清接明。

二、停（锚）泊值班

轮机员停（锚）泊值班职责：

① 值班人员应严格遵守有关安全生产的规定。

② 保证机电设备正常运转。

③ 及时供给日常工作及生活所需的水、电、气。

④ 严格遵守防污染规定，防止污油、水排出舷外。

⑤ 若临时进厂修理，应认真检查和落实各项安全措施，以防发生意外事故。

⑥ 发生火警和意外危险时，如轮机长不在，应在船舶领导统一指挥下，组织轮机全体人员进行抢救。

⑦ 如船舶在锚泊时，轮机员应保持有效值班，根据驾驶台的命令使主、辅机保持准备状态，做好随时移泊准备工作。

第三节　船员调动交接制度

一、一般规定

船员因故调离船舶或原船变动职务并有人接任时，均应按规定进行交接工作。

① 交班船员应按规定做好交接准备工作，抓紧完成（阶段）工作，集中并整理好各种应交物品，以便随时进行交接。

② 接班船员到船后，应立即向直接领导人报到并按指示抓紧接班，不得借口拒绝或拖延接班。

③ 交接时交方应耐心细致，接方要虚心勤问，不含糊接班。

④ 交接船员中凡涉及事故处理，各种海、机损报告及保险索赔等手续的当事人和有关负责人均应亲自办理完毕。

⑤ 交接完毕应共同向直接领导人汇报交接情况，经其认可或监交签署后，交接方告完毕。在此之前，工作由交班船员负责，之后由接班船员负责。持有适任证书的职务船员，不论离职或到任，应由船长、轮机长分别在有关日志上记载并签署。

二、交接

调离交接工作由实物交接、情况介绍和现场交接三部分进行。

1. 实物交接

个人保管的工具、仪表、图书资料、文件、公用衣物、住室门和柜的钥匙，均应按配备清单逐项清点交接。实物交接时应介绍情况。

2. 情况介绍

① 本船、本部门和本专业的概况、特点、总的技术状况和存在的主要问题。

② 涉及本部门和本职的各项规章制度。

③ 本岗位在本船的具体分工、职责及有关规定。

④ 本职在应变部署表中的岗位和职责，实地交待救生衣、应变任务卡及应携带或操作的设备、器材的位置、用途和使用方法等。

3. 现场交接

双方共同到设备现场和工作场所，由交方详细介绍：

① 所管理的设备及其附属设备、装置、仪（表）器和工具。

② 有关管系、（电）线路的各种阀门和开关等。

③ 各种安全应急设备（或装置）的位置及操作方法。

④ 油、水柜的分布。

⑤ 结合实物交接弄清各种属件、备件、工具、物料的存放位置、储存情况等。

⑥ 其他需要说明或强调的问题。

第四节　驾驶、轮机联系制度

一、开航前

① 船长应提前 24 h 将预计开航时间通知轮机长；轮机长应向船长报告

主要机电设备情况、燃油存量；如开航时间变更，须及时通知更正。

② 开航前 1 h，值班驾驶员应会同值班轮机员核对船钟、车钟和试舵等，并分别记入航海日志、轮机日志及车钟记录簿内。

③ 主机试车前，值班轮机员应征得值班驾驶员同意。待主机备妥后通知驾驶台。

二、航行（作业）中

① 船舶进出港口，通过狭水道、浅滩、危险水域或锚泊等情况时，驾驶台应提前通知机舱准备。判断将有风暴来临时，船长应及时通知轮机长做好各种准备。

② 如因机械故障不能执行航行命令时，轮机长应组织抢修并通知驾驶台。停车应先征得船长同意，若情况紧急，将造成严重机损或人身伤亡时，可先立即停车并报告驾驶台。

③ 轮机部如调换发电机、并车或暂时停电，应事先通知驾驶台。

④ 在应变情况下，值班轮机员应立即执行驾驶台发出的信号，及时提供所要求的水、气、电等。

⑤ 船长和轮机长共同商定的主机各种车速，除非另有指示，值班驾驶员和值班轮机员都应严格执行。

⑥ 船舶到港前，应对主机进行停、倒车试验。

⑦ 轮机长应及时将本船存油情况通知船长。

三、停（锚）泊时

① 抵港或（锚）泊后，船长应告知轮机长本船的预计动态，若有变化应及时联系；机舱若需检修影响动车设备，轮机长应事先将工作内容和所需时间报告船长，取得船长同意后方可进行。

② 值班驾驶员应将装卸鱼货情况随时通知值班轮机员，以保证安全供电。

③ 对船舶压载的调整，以及可能涉及海洋污染的任何操作，驾驶和轮机部门应建立有效的联系制度。

④ 每次添装燃油前，轮机长应将本船的存油情况和计划添装的油舱，以及各舱添装数量告知船副，以确保船舶的平衡及稳性。

第五节 轮机日志的填写规定

船舶必须持有规定格式的轮机日志。轮机日志是反映船舶机电设备运行和轮机管理工作的原始记录，是船舶法定文件之一，必须妥善保管。轮机日志的记载必须真实，不得弄虚作假、隐瞒重要事实、故意涂改内容。渔监部门是实施监督管理的主管机关。

一、记载规定

① 轮机日志应依时间顺序逐页连续记载，不得间断，不得遗漏，不得撕毁或增补。

② 轮机日志应使用不褪色的蓝色或黑色墨水填写。填写时数字和文字要准确，字体端正清楚。如果有记错，应当将错字句标以括号并划一横线（被删字句仍应清晰可见），然后在括号后方或上方重写，并签字。计量单位，一律采用国家法定单位。

③ 轮机日志由值班轮机员填写。至少每 2 h 记载一次。

④ 轮机长全面负责监督审查轮机日志的记载内容及其保管事宜。轮机长必须每日定时认真查阅轮机日志的记载情况，对各栏目内的内容进行审核，确认无误后签字。轮机长离任时，应由离任轮机长和接任轮机长在轮机日志上签字。

⑤ 记录数据的精度应按该仪表的精度等级记载。

二、记载内容

① 船长、轮机长的命令，值班驾驶员的通知。

② 主机启动、停止的时间，正常运行的各种参数。

③ 柴油发电机组及其他重要辅助机械设备的启用、停止的时间和各种参数。

④ 船舶离靠码头、进出港口、航行于危险航区的时间、地点。

⑤ 驳油、驳水情况，燃油舱转换及轻重燃油转换的时间。

⑥ 机电设备发生故障及恢复正常的时间。

⑦ 其他需要记载的事项。

大事记栏由轮机长或管轮负责填写，应当记载下列内容：

① 船舶的重要活动（如船舶检验、进厂修理、试航、各种应变演习等）。

② 每日的检修工作。

③ 燃润油加装的时间、地点、品种及数量。

④ 机电设备发生故障的原因及其处理经过。

⑤ 船舶应急设备的检查、试验情况。

⑥ 船舶重要设备的更换或检修及明火作业情况。

⑦ 船舶发生海损、机损事故的时间、地点、主要经过及其处理情况。

⑧ 轮机部人员的重大人事变动。

⑨ 其他需要记载的重大事项。